KB057551

세상을 바꾼
질병 이야기

세상을 바꾼 질병 이야기

세계사 이면에 숨겨진 인간과 질병의 투쟁사

사카이 다츠오 지음 ★ 김정환 옮김

시그마북스
Sigma Books

세상을 바꾼 질병 이야기

발행일 2024년 4월 19일 초판 1쇄 발행
지은이 사카이 다츠오
옮긴이 김정환
발행인 강학경
발행처 시그마북스
마케팅 정제용
에디터 양수진, 최연정, 최윤정
디자인 강경희, 김문배

등록번호 제10-965호
주소 서울특별시 영등포구 양평로 22길 21 선유도코오롱디지털타워 A402호
전자우편 sigmabooks@spress.co.kr
홈페이지 http://www.sigmabooks.co.kr
전화 (02) 2062-5288~9
팩시밀리 (02) 323-4197
ISBN 979-11-6862-233-3 (03470)

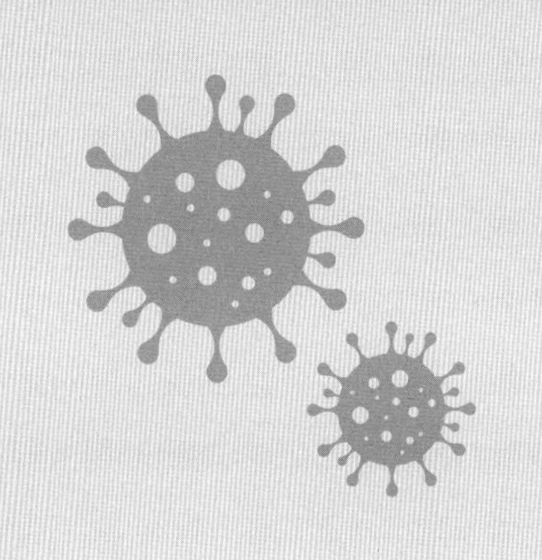

머리말

격동의 연속인 세계사를 움직여 온 것은 무엇일까? 전쟁이나 외교상의 줄다리기, 산업의 융성과 쇠퇴, 재능과 운을 겸비한 영웅들의 활약……. 아마도 이런 것들을 떠올리는 사람이 많을 것이다. 그런데 사실은 질병 또한 문명의 흥망을 크게 좌우해 왔다.

역사 속에는 역병의 대유행을 계기로 쇠퇴한 수많은 나라가 등장한다. 반면에 어떤 문명은 그런 재앙을 발판으로 삼아서 다음 단계로 도약하기도 했다. 또한 많은 사람을 죽음으로 몰아넣은 팬데믹만이 역사를 뒤흔든 것은 아니다. 설령 큰 병에 걸린 사람이 단 한 명뿐이라 해도 그 사람이 당시의 중요 인물이라면 타격은 이루 헤아릴 수 없을 만큼 크다. 가령 제2차 세계 대전을 연합국의 승리로 이끈 영국의 윈스턴 처칠 총리는 중증 폐렴에 걸렸지만 항균제인 설파제 덕분에 목숨을 건질 수 있었는데, 만약 설파제가 없었다면 어떻게 되었을까? 현재 러시아와 전쟁을 치르고 있는 우크라이나의 젤렌스키 대통령이 어떤 사고나 병으로 갑자기 의식을 잃는 상황에 빠진다면? 이런 가정을 해 보면 그 영향이 얼마나 큰지 쉽게 상상이 갈 것이다.

의료 기술이 발달한 오늘날, 사람들은 대부분의 병을 '적절한 치료만 받는다면 낫는 것'으로 생각한다. 그러나 인류가 이런 은혜로운 의료 환경을 누릴 수 있게 된 것은 약 30년 전부터다. 요컨대 세계사 속에서도 지극히 최근의 일이라는 말이다. 그전까지는 의료 기술도 체계도 제대로 갖춰져 있지 않았던 탓에 어떤 병에 걸렸을 때 치유될 수 있느냐는 환자의 체력과 운에 달려 있었다. 말하자면 목숨을 건 러시안룰렛이라고나 할까? 극히 최근까지는 사람의 생사도, 그리고 사람들의 행동이 축적되어서 만들어지는 역사도 질병이라는 탄환을 피할 수 있느냐 없느냐라는 운명에 지배되어 왔던 것이다.

다만 이전이라고 해서 인류가 병에 대해 아무런 대처도 하지 않고 수수방관하기만 했던 것은 아니다. 19세기에 들어와서야 근대 의학이 탄생하고 20세기에 접어든 뒤로 치료 기술이 확실한 효력을 발휘하게 된 것은 사실이지만, 의사들은 고대부터 한 명이라도 더 많은 환자를 구하고자 꾸준히 시행착오를 거듭해 왔다. 그 과정에서 중세에는 미신이나 근거 없는 이론에 얽매여 제자리걸음을 하기도 했지만, 16세기에는 인쇄 기술의 탄생과 함께 찾아온 정보 혁명에, 19세기 이후에는 과학 기술의 발달에 따른 기초 의학의 발전에 힘입어 대약진을 이루기도 했다. 의학의 진보 또한 역사의 커다란 흐름과 밀접하게 연결되어 왔다고 말할 수 있다.

이 책은 인간과 질병의 싸움, 의학을 향한 도전에 초점을 맞춰서 세계사를 파악해 보려는 시도다. 개개인은 연약하기 이를 데 없는 인간이라는 생물이 다 함께 지혜를 모으며 씩씩하게 다음 세대로 바통을 넘겨 온 기적의 이야기를 함께 되돌아보자.

차례

권위로부터 해방되다

과학의 비약적인 발전

전쟁이 기폭제라는 아이러니

테크놀로지의 빛과 그림자

제 1 장

그리스·로마를 변화시킨 질병

아테네 역병

스파르타에 승리를 가져다준 숨은 공로자

스파르타군에 포위된 성안에서 알 수 없는 병으로 사람들이 죽어 가다

서양의 역사에는 '고전 고대'라고 부르는 시대가 있다. 바로 고대 그리스·로마 시대다.

고대 그리스인의 생활권은 그리스 공화국의 현재 국경을 크게 넘어서 이탈리아반도와 시칠리아, 그리고 에게해 건너편에 있는 아나톨리아(소아시아)의 서해안 일대와 이집트의 지중해 연안 지역에 걸쳐 있었다. 그들은 기원전 9세기경부터 폴리스라는 도시 국가를 형성하기 시작했다. 고대 그리스 문명은 하나의 강대한 통일 국가가 아니라 다수의 크고 작은 폴리스가 언어와 신앙을 공유하는 가운데 발전해 갔다. 4년에 한 번 열린 고대 올림픽 등도 서로가 공동체의 일원임을 확인하기 위한 행사였다.

고대 그리스는 말하자면 점과 선으로 구성된 세계였다. 그런데 기원전 5세기가 되어 그리스 원정을 온 페르시아군을 격퇴했을 무렵에는 유력한 폴리스들이 점의 지배를 하는 도시 국가에서 면의 지배를 하는 영역 국가로 변모해 갔다. 그중에서도 특히 스파르타와 아테네가 강대한 힘을 자랑해, 스파르타가 맹주인 펠로폰네소스 동맹과 아테네가 맹주인 델로스 동맹이 형성되었다. 그리고 두 세력이 패권을 놓고 펠로폰네소스 전쟁(기원전 431년~기원전 404년)을 시작하면서 그리스 문명권 전체가 내전에 휘말리게 되었다.

해군력에서 우위였던 아테네는 강력한 정예 보병 부대를 보유한 스파르타를 상대로 농성전을 선택했다. 스파르타군의 병량이 바닥나기를 기다렸다가 반격으로 전환해 단숨에 포위 섬멸한다는 작전이었다. 그런데 농성을 시작한 지 2년째가 되었을 때 생각지 못한 사태가 발생했다. 아테네 성안에서 역병이 돌아 병으로 쓰러지는 사람이 속출한 것이다. 결과부터 이야기하면, 아테네의 지도자이자 고대 민주제를 완성한 인물로 평가받는 페리클레스를 비롯해 아테네 인구의 약 25%가 사망했다. 열심히 키워 놓았던 군사력과 재력, 그리스에서의 패권, 민주정 등 온갖 노력의 결정체가 적의 무력이나 재력, 계략이 아닌 역병에 와해되기 시작했다.

이후 아테네는 한때 승리를 거두기도 했지만, 그 승리에 도취된 나머지 무모한 시칠리아 원정을 강행한 것이 치명타가 되어 결국 항복하고 만다. 페리클레스가 병사한 시점 혹은 인구가 격감한 시점에 평화를 모색하는 등 어떤 형태로든 전략을 전환했어야 했건만, 과거의 영광이 판단력을 흐리게 만들었던 것일까? 기원전 5세기의 페르시아 전쟁에서도 페르시아군이 성벽 앞까지 들이닥치는 위기를 겪었지만 결국 승리를 거두었으니, 이번에도 틀림없이 그렇게 될 것이라는 근거 없는 확신이 아테네 전체에 침투해 있었는지도 모르겠다.

기록에 남아 있는 세계에서 가장 오래된 팬데믹

그건 그렇고, 아테네를 덮친 역병에 관해서는 그 시대를 살았던 역사가 투키디데스(기원전 460년경~기원전 395년)의 저서인 《펠로폰네소스 전쟁사》 제2권 47~54절에 언급되어 있다. 그중에서도 49절에는 역병의 증상이 자세히 기록되어 있어 이를 인용코자 한다(그대로는 읽기가 어려울 터이기에 한 문장마다 줄을 바꾸고, 주목할 만한 특징에는 밑줄을 쳤다).

> 아무런 원인도 없이, 건강한 상태에서, 갑자기 먼저 두부(頭部)에 심한 열, 그리고 눈에 충혈과 염증이 발생했다.

또한 입속에서는 인두와 혀에서 곧바로 출혈이 발생했고, 이상하며 고약한 냄새가 나는 숨을 토해냈다. 그 후 재채기가 나오고 목소리가 갈라졌다.
얼마 후 심한 기침과 함께 고통은 흉부에 이르렀다. 고통이 심장에 머무르면 심장을 어지럽혔다.
의사들이 명명한 온갖 담즙을 토해냈고, 이때 심한 괴로움을 동반했다.……
신체의 외부는 만져 보면 그다지 뜨겁지 않았으며, 창백하지 않고 붉은빛이 도는 납빛 피부에 작은 수포와 궤양이 생겨났다.
반면에 내부는 불타는 듯 뜨거워서, 얇은 의류나 아마포(리넨)조차 걸칠 수가 없어 알몸이 되어야 했으며, 차가운 물에 몸을 던지고 싶어질 정도였다.
……대다수는 7일째나 9일째에 내부의 심한 열 때문에 아직 체력이 남아 있음에도 사망했다. 설령 그 시기를 버텨 내더라도 병은 복부로 내려가서 그곳에 심한 궤양을 일으켜 음식물이 섞여 있지 않은 설사가 나왔으며, 이 때문에 쇠약해져 결국 많은 사람이 사망했다.

[투키디데스, 《펠로폰네소스 전쟁사》 제2권 49절부터,
후쿠시마 마사유키 옮김, 밑줄은 저자가 친 것]

이상이 상세한 내용을 알 수 있는 것으로서는 세계에서 가장 오래된 팬데믹의 기록이다. 감염증이라는 것은 거의 확실하지만, 질환의 정체에 관해서는 전문가마다 견해가 분분하다. 최근의 연구에서는 발진티푸스나 천연두 등의 동물 매개 감염증 혹은 호흡기 질환이라는 설도 등장했지만 기록된 일련의 증상과 정확히 일치하지는 않는 까닭

에 무엇이라고 확정하기는 어렵다. 분명히 말할 수 있는 사실은 단 한 가지, 굉장히 무서운 병이 아테네를 덮쳤다는 것뿐이다.

원인을 알 수 없는 이상 예방도 치료도 불가능하기에, 발병자와 그 가족이 할 수 있는 일은 오직 기도뿐이었다. 높은 지위도, 명예도, 많은 재산도 아무런 도움이 되지 못한다는 현실에 무력감을 느끼지 않은 사람은 없었을 것이다.

이 역병은 아테네의 몰락을 결정짓는 데 그치지 않고 고대 그리스가 세계사의 최전선에서 물러나는 계기도 되었다.

여담이지만, 투키디데스는 정말 대단한 사람이다. 본래 군인이었던 그는 20년 동안 망명 생활을 하는 가운데 아테네와 스파르타 양쪽에서 자료와 정보를 수집했으며, 집필 과정에서 공평한 기술과 합리적인 사고를 잊지 않았다. 여기에 날카로운 통찰력과 너무 간결하지도 장황하지도 않은 문체 등, 《펠로폰네소스 전쟁사》를 읽어 보면 왜 고대 최고의 역사서로 평가받는지 이해하게 된다.

치료 시설을 겸했던 의술의 신 아스클레피오스의 신전

고대 그리스에서는 투키디데스뿐만 아니라 소크라테스와 플라톤, 아리스토텔레스, 헤로도토스 등 '지(知)의 거인'으로 부르기에 손색이 없는 위인이 다수 탄생했다. 왜 이런 위인들이 유독 그리스에, 그것도 수백 년이라는 기간 사이에 집중적으로 출현했던 것일까? 자세한 인과 관계를 명쾌하게 설명하기는 어렵지만, 고대 그리스의 세계에 지적 활동 자체의 큰 가치를 인정하고 지의 탐구를 장려하는 토양과 분위기가 있었음은 틀림없을 것이다. 문과와 이과의 구별 따위는 없었으며, 학문으로서 과학과 철학이 동거하는 시대였다.

그런 가운데 전통적인 신들에 대한 신앙도 건재했다. 최고신이며 번개의 신 제우스, 바다의 신 포세이돈 등 그리스 신화에 등장하는 신들의 이름은 현대를 사는 우리에게도 상당히 친숙하다. 반면에 비교적 인지도가 낮은 신들도 있는데, 아스클레피오스는 아마도 그런 신 중 하나일 것이다.

신탁의 신 아폴론과 인간 여성의 사이에서 태어난 아스클레피오스는 켄타우로스(반은 인간이고 반은 말의 모습을 한 상상의 종족)인 현자 케이론의 손에 자랐다고 한다. 아폴론은 신탁뿐만 아니라 음악과 시, 궁술부터 의술에 이르기까지 다양한 재능을 지닌 신이다. 아스클레피오스는 이런 아버지에게서 의술의 소양을 물려받았는지도 모른다. 또한 교육부터 양육까지 전부 맡았던 케이론도 의술에 관해서는 아폴론에 못지않은 존재였다. 그런 환경에서 성장한 아스클레피오스는 명의로 이름을 떨쳤고, 죽은 뒤에는 의술의 신으로서 신의 반열에 오르게 되었다.

아스클레피오스를 모시는 신전은 아스클레페이온으로 불렸는데, 병의 치유를 기원하러 찾아오는 사람이 대부분이었기 때문에 치료 시설도 겸했다. 방문자는 성역 내의 지성소에서 숙박하고, 다음 날 수면 중에 꾼 꿈의 내용을 신관에게 이야기한다. 그러면 그에 맞춘 처방이 '신탁'으로 내려오며, 방문자는 신탁에 따라 부지 내의 온천이나 운동 시설에서 요양에 힘썼다. 신탁이라는 요소가 있기 때문에 아폴론의 자식이라는 설정이 생겼는지도 모른다.

아스클레페이온은 에게해에 있는 코스섬과 파로스섬, 아나톨리아의 페르가몬 등 고대 그리스의 곳곳에 있었는데, 펠로폰네소스반도 동부의 에피다우로스에 있는 것이 현존하는 아스클레페이온 중에서는 보존 상태가 가장 양호하다. 물론 당시의 모습 그대로 남아 있는 것은 아니지만, 앞면에 6개, 측면에 11개가 있었던 도리스식 원기둥의 기단 부분은 볼 수 있다.

참고로 아스클레피오스는 뱀이 휘감겨 있는 지팡이를 항상 들고 다녔는데, 이 지팡이는 훗날 의학의 상징이 된다. 또한 그의 딸인 히기에이아도 죽은 뒤에 건강의 수호신으로 숭배되었으며, 그 이름은 오늘날 위생학(hygiene)의 어원이 되었다.

고대 그리스를 대표하는 명의 히포크라테스의 저서

기원전 5세기 전후부터는 지적 활동의 중심지가 고대 그리스의 세계에서 해외 식민 도시로 이동하기 시작했다. 실제로 역사에 이름을 남긴 이 시기의 위인들은 대부분 아나톨리아(소아시아)나 에게해의 섬들 출신이다. 고대 그리스를 대표하는 명의인 히포크라테스(기원전 460년경~기원전 370년경) 역시 에게해 남동부에 떠 있는 코스섬에서 태어났다.

히포크라테스는 살아 있을 때부터 그리스 세계 전체에 명성을 떨쳤다. 철학자인 플라톤은 히포크라테스의 바로 다음 세대에 해당하는데, 그가 죽은 뒤에 책으로 정리된 《대화편》에서는 히포크라테스가 의사를 대표하는 인물로 등장한다. 또한 플라톤의 문하생인 아리스토텔레스는 저서 《정치학》에서 히포크라테스를 인간의 몸집으로서가 아니라 의사로서 거대한 인물이라고 소개했다.

고대 그리스의 역사에서 히포크라테스가 독보적인 의사였음은 틀림이 없어 보인다. 이 점은 필사를 통해 오늘날까지 전해지는 의서의 내용에서도 알 수 있다. 아직 인쇄 기술이 없었던 시대에는 책을 보급할 방법이 필사, 즉 손으로 옮겨 적는 것뿐이었다. 당연한 말이지만 수요가 있는 책일수록 많이 필사되었는데, 시대가 흐를수록 점점 도태되는 것이 정상임에도 지금까지 전해지고 있는 고대 그리스의 의서는 대부분 히포크라테스가 쓴 것이다. 요컨대 일시적인 인기에 그치지 않고 권위 있는 책으로서 계승되어 온 것이다.

그러다 이윽고 이집트의 알렉산드리아에서 히포크라테스 본인이 쓴 것뿐만 아니라 그의 제자나 주변 인물들이 쓴 의서 등 70여 편이 《히포크라테스 전집》으로 정리되었다. 알렉산드리아에는 기원전 3세기에 창건된 세계 최대의 도서관이 있었기에 히포크라테스의 의서도 세계에서 가장 많이 소장되어 있었던 것으로 여겨진다. 현존하는 형태와 완전히 똑같지는 않겠지만 적어도 그에 가까운 원초적인《히포크라테스 전집》이 알렉산드리아에서 완성되었다.

유행병과 콜레라,
여기에 이질까지 언급되어 있다?

현존하는《히포크라테스 전집》의 내용을 대략적으로 살펴보면 몇 가지 재미있는 사실을 알 수 있다. 전 70여 편 가운데 약 10분의 1에 해당하는 7편의 표제가 일본어 번역판에서는 '유행병'으로 번역되었는데, 사실 이것은 중대한 오역이다. 오역의 근원은 고대 그리스어의 'epidemiai'가 현대 영어의 'epidemic(광범위한 역병)'에 대응한다고 단정한 것이었다. 그러나 사실 히포크라테스가 살았던 시대의 'epidemiai'는 '체류하다'라는 의미가 있었으며, 여기에서 변형되어 '질병의 계절적인 발생'과 '다른 나라 의사의 체류'라는 두 가지 의미로 사용되었다.

이와 비슷한 사례는 또 있다.《히포크라테스 전집》에는 감염증을 연상시키는 단어가 여러 개 나오는데, 그 표기가 현대 영어와 비슷한 까닭에 고대 그리스 시대부터 콜레라나 이질이 존재했다는 인식이 생겼다.

Cholera 설사와 구토를 동시에 일으키는 증상

➡ 콜레라(khole)

Dysentery 빈발성의 수양성 변에 혈액이나 점액이 섞여서 나오는 증상

➡ 이질(dusenteros)

분명히 증상 자체는 상당히 비슷하지만 일치하지 않는 부분도 많기 때문에 같은 병으로 단정하기에는 무리가 있다. 애초에 히포크라테스가 살았던 시대에는 아직 병원체가 발견되지 않았으며 오늘날의 전염병이나 감염증에 해당하는 개념도 존재하지 않았다. 비슷하지만 결코 같지 않은 것을 동일시하면 자칫 큰 낭패로 이어질 수 있으니 주의해야 한다.

현대의 관점에서 바라보면 오류투성이!

《히포크라테스 전집》에는 임상 기록, 의학 교과서, 강의록, 연구 노트, 철학적 에세이 같은 다양한 종류의 문서가 순서 없이 수록되어 있다. 이 가운데 증례의 기록을 보면 병명을 붙이기를 피하고 각 증례의 증

상과 경과를 면밀하게 기록하려 노력한 신중함이 엿보인다.

《히포크라테스 전집》 중 《유행병》의 제1권과 제3권에는 42개의 증례가 수록되어 있는데, 각각의 증례에서 공통되는 점은 갑자기 열이 나면서 온몸의 상태가 나빠지고 신체의 통증과 설사, 소변의 이상이 나타나며 때때로 정신 착란이나 경련을 일으켰다는 것이다. 이 증상들을 볼 때 중증의 급성 감염증으로 생각된다.

고대 그리스의 의료에서는 급성 감염증을 가장 중요한 질병으로 여겼지만, 이렇다 할 효과가 나타나는 치료 수단은 없었다. 몸 상태가 조금 안 좋을 때는 식이 요법이나 안정, 목욕, 가벼운 운동을 권하는 정도였고, 약을 처방하더라도 고수풀이나 박하(민트) 등의 순수한 식

《히포크라테스 전집》에 보고된 증례들

환자	증상		경과
타소스의 필리노스의 아내	산후 14일부터 발열, 머리·목·허리 통증, 경련, 착란	➡	20일째에 사망
크레아낙티데스	불규칙한 열, 머리·왼쪽 가슴 통증, 혈색뇨	➡	80일째에 고열과 함께 땀을 흘린 뒤 갑자기 증상이 완화됨
어떤 여성	임신 3개월에 발열, 목·머리·오른손 통증, 오른손 마비, 경련, 착란	➡	약 14일째에 갑자기 증상이 완화됨
거짓말쟁이들의 광장 근처에서 숙박한 젊은이	발열, 설사, 착란	➡	6일째에 사망
아브디라의 페리클레스	갑작스러운 고열, 코피, 진한 오줌	➡	약 4일째에 갑자기 증상이 완화됨

물약이 고작이었다.

그럼에도 중증의 급성 감염증 환자를 상대할 때야말로 당시의 의사가 자신의 실력을 발휘해야 하는 순간이었다. 의사와 환자는 어디까지나 사적인 관계였다. 돈 많은 상류층 고객을 놓치고 싶지 않았던 의사들은 손을 쓸 방법이 없다면 없는 대로 병의 예후를 예상함으로써 환자의 신뢰를 얻어야 했다. 그래서 이때 철학을 비롯한 고대 그리스의 학문 전반에 관한 지식을 활용했다. 이렇게 보면 고대 그리스의 의사는 오늘날의 정신 카운슬러에 가까웠는지도 모른다.

또한 히포크라테스는 다른 철학자들이 제창한 설을 바탕으로 인간의 신체가 혈액, 점액, 검은 담즙, 노란 담즙의 네 가지 액체로 구성되어 있으며 이 네 가지 액체의 균형이 무너지면 병에 걸린다는 가설을 고안해 냈다. '4체액설' 또는 '체액 병리학'으로 불리는 이 설은 현재 명백한 오류로 판명되었지만, 유럽에서는 르네상스기에 이르기까지 큰 영향을 끼쳤다.

이러한 사실에서 알 수 있듯이, 히포크라테스의 의서에 적힌 내용은 어떤 형태로 도움이 되기는 했을지언정 병의 완치로 직결되지는 않았으며, 애초에 완전히 잘못된 이론도 있고 후세의 오역도 있었다. 의학의 발전을 보여 주는 고서이기는 하지만 결코 경전은 아님을 명심해야 한다.

이처럼 서양의 고전 의학은 고대 그리스의 단계에서 나름의 진보를 이룩했지만, 현대인의 눈으로 보면 역시 한계가 더 두드러졌다.

마지막으로 '히포크라테스 선서'에 관해서도 언급하고 넘어가려 한다. 히포크라테스 선서는 오늘날에도 대학교 의학부의 졸업식 등에서 낭독되고 있는데, 이것이 탄생한 계기는 의술의 문호 확대였던 것으로 생각된다. 히포크라테스뿐만 아니라 고대 그리스에서 의술은 기본적으로 부모로부터 자식에게 전승되었으며, 범위를 넓히더라도 가까운 친척까지가 대상이었다. 그러다가 언제부터인가 혈연관계가 없는 사람에게도 수업료를 받고 의술을 가르치기 시작했다. 이렇게 되자 의사로서 지켜야 할 윤리를 명확히 할 필요가 생겼고, 이를 위해 생도들과 주고받았던 계약서가 '히포크라테스 선서'의 기원으로 여겨진다.

만약 페리클레스가 병으로 쓰러지지 않았다면?

고대 그리스를 덮쳤던 펠로폰네소스 전쟁은 단순한 내전으로 끝나지 않았다. 잠재적인 위협인 페르시아의 개입이 있었던 것이다. 페르시아와 스파르타는 페르시아가 스파르타에 경제적인 원조를 하는 대신 아나톨리아에 있는 그리스 식민 도시에 대한 페르시아의 종주권을 인정한다는 내용의 조약을 맺었다. 이렇게 보면 이 전쟁의 진정한 승리자는 병사를 한 명도 잃지 않은 페르시아였는지도 모른다.

한편 승리자일 터인 스파르타도 심하게 피폐해져서 얼마 후 그리스 본토의 패권을 테베에 빼앗기고 만다. 그러나 테베가 패권을 잡은 기간은 더욱 짧았고, 기원전 338년에는 오랫동안 그리스인들에게 야만인 취급을 받았던 북방의 마케도니아가 그리스의 패권을 확립했다. 마케도니아의 알렉산드로스 대왕이 발칸과 아시아, 아프리카에 걸친 대제국을 구축했을 때부터 고대 로마가 그 대항마로 대두할 때까지를 헬레니즘 시대라고 부른다.

마케도니아가 별다른 어려움 없이 대두할 수 있었던 이유는 그리스 세계 전체가 몰락했기 때문이었다. 페리클레스가 병으로 쓰러지지 않아서 아테네가 그리스 전체의 리더가 되었다면 적어도 그리스 세계 전체가 몰락하는 상황은 피할 수 있었을 것이다. 이렇게 생각하면 아테네를 습격한 역병은 헬레니즘 시대의 막이 열리는 데 크게 공헌했다고도 말할 수 있다.

안토니누스 역병

로마 제국 쇠망의 시작은 아시아에서 유입된 역병이었다

그리스 문화를 혐오한 로마의 대(大) 카토

고대 그리스와 고대 로마는 민족도 언어도 다르지만, 둘 다 기원전의 시대에 인접한 지역에서 발전한 까닭에 '그리스·로마'로 묶이는 경우가 종종 있다.

이탈리아반도의 일개 도시로 시작한 로마는 기원전 3세기 이후 동맹이라는 이름 아래 그리스의 도시들과 마케도니아 등을 차례차례 영토에 편입시켜 나갔다. 그런데 기원전 1세기에 활약한 로마의 시인 호라티우스는 이런 상황에 대해 다음과 같은 명언을 남겼다.

"정복당한 그리스가 야만적인 정복자를 집어삼켰다."

그리스는 로마에 군사적 패배를 당해 복종했지만 문화의 측면에서는 반대로 로마를 지배했다는 의미다. 이렇게까지 단언해도 되는지는 둘째 치고, 로마가 그리스 문화의 영향을 크게 받았음은 분명하다.

그러나 모든 로마인이 그리스 문화를 순순히 받아들인 것은 아니다. 그리스 문화를 끝없이 혐오하는 국수주의자도 적지 않았는데, 그 선봉장은 정치가인 대(大) 카토(기원전 234년~기원전 149년)였다. 대 카토는 로마의 최대 라이벌이었던 해양 무역 도시 카르타고를 눈엣가시로 여겨서 무슨 일에 대해서든 의견을 말할 때 반드시 "카르타고는 멸망시켜야 한다"라고 덧붙인 인물로도 유명하다.

그런데 대 카토는 사실 카르타고보다 그리스를 더 혐오했다. 고대의 소박한 농업 생활을 이상으로 여기는 그에게, 노동은 노예에게 맡기고 사치스러운 생활을 즐기며 법이나 질서보다 변론의 우열에 중점을 두는 그리스는 타락의 상징으로밖에 보이지 않았기 때문이다. 플루타르코스의 《영웅전》[이하의 인용은 무라카미 겐타로 편역, 지쿠마학예문고]에는 이와 관련된 사정이 자세히 기록되어 있다. 플루타르코스는 "일과 군무(軍務)의 명성보다도 변설의 명성을 더 존중하게 될까 우려했기 때문에", "로마인으로서의 긍지에서 그리스적 학예와 교양 전체를 경시했다"라는 대 가토의 의도를 덧붙였다. 그다음 그가 소크라테스를 비롯한 그리스 철학자들을 단순히 깎아내리는 것 이상으로 혐오에 가까운 발언을 반복했으며 "자신의 아들에게 그리스 문화에 대한 반감을 심고자, 마치 신에 빙의한 예언자라도 된 듯이 노인답지 않게 거친 목소리로 '그리스의 학문에 빠져들면 로마인은 쇠망할 것'이라고 말했다"라는 일화 등을 소개했다.

그리스의 의사와 의학도 혐오의 대상이었다. 대 카토는 의술에 관한 자신의 철학이 있었으며, 그의 집에서는 그 철학에 따라 '단식은 결코 하지 않고, 채소와 집오리나 산비둘기 또는 토끼 고기를 소량 먹어서 몸의 건강을 꾀한다' 등의 방침으로 병자를 간호했다. 《농업론》이라는 책도 쓴 대 카토는 농작물에 관해 연구하는 가운데 경험에 입각한 민간 의료법을 체득한 것이 아닐까 싶다.

대 카토의 《농업론》은 현존하는 고대 로마 시대의 산문 작품으로는 가장 오래된 것으로, 여기에는 생양배추를 식초에 절여서 먹으면 장을 깨끗하게 하고 숙취를 방지할 수 있으며 탈구에는 주문(呪文)이 효과적이라는 등의 내용이 적혀 있다. 이런 민간 의료법의 효과 덕분인지 대 카토는 만년까지 건강을 유지했지만, 아내와 아들은 먼저 세상을 떠났다. 기껏 만들어 낸 건강법이 본인에게만 유효했다니, 참으로 얄궂은 이야기가 아닐 수 없다.

지식을 계승한
아스클레피아데스와 그의 제자들

대 카토 정도는 아니지만 로마 시민들 사이에서도 그리스 의학에 대한 불신감이 뿌리 깊게 자리하고 있었는데, 이런 불신감을 없애는 데 크게 공헌한 인물들이 있었다. 비티니아(아나톨리아의 흑해 남쪽 연안에 있었던 도시) 출신인 아스클레피아데스(기원전 130년경~기원전 40년경)와 그의 제자들이다. 그들이 쓴 저작물 자체는 남아 있지 않지만, 1세기 전반에 활약한 박학다식한 저술가 아울루스 코르넬리우스 켈수스(생몰년 부정확)의 《의학론》이나 켈수스의 다음 세대에 해당하는 박학다식한 저술가 대 플리니우스(22년~79년)의 《박물지》에 그들의 학설과 의료가 소개되어 있다.

이것을 보면 아스클레피아데스는 체액의 균형이 무너져서 병에 걸리는 것이 아니라 체액이 정체되어서 병에 걸리는 것이라고 생각했다. 아주 작은 분자가 작은 구멍을 통과하지 못해 흐름이 정체된 결과 병에 걸린다는 것이다. 그래서 병을 치료할 때 '안전하게', '신속하게', '아픔을 주지 않고'라는 원칙에 따라 건포마찰, 수욕 요법, 수동적인 운동 등의 요법을 즐겨 사용했다고 한다.

아스클레피아데스에게는 많은 제자가 있었으며, 그중 한 명인 시리아 출신의 테미손(기원전 2세기~기원전 1세기)은 스승의 치료 요법을 알기 쉽게 개량했다. 병의 원인을 중시하는 것이 아니라 증상을 '긴장', '이완', '둘의 혼합'이라는 세 종류로 나누고, 그것이 '급성'인가 '만성'인가, 또한 '악화', '정체', '회복'이라는 과정 중 어떤 단계인가에 따라 치료법을 선택했다.

라틴어로 쓰인 가장 오래된 의학서 《의학론》

이와 같은 의료법을 소개한 켈수스는 사실 의사가 아니다. 그는 본래 농업, 의학, 군사, 수사(修辭), 철학, 법학의 6부로 구성된 백과사전을 저술했는데, 의학 부분만이 후세에 전해져 《의학론》이라는 명칭을 얻었다. 이 책이 라틴어로 쓰인 가장 오래된 의학서가 된 것은 우연의 산물이다.

전문 의사가 아니었던 까닭에 그 내용도 일반 대중을 대상으로 한 것이었는데, 로마 시민이 건강을 유지하려면 일상생활 속에서 어떤 점을 주의해야 할지에 관해 구체적으로 적었다. 그 일례로 《의학론》의 제1서 제1장을 인용하겠다.

> **충분히 활력이 있고 자신을 제어할 수 있는 건강한 사람은 자신을 규칙으로 속박할 필요가 없으며, 의사나 마사지사를 찾을 필요도 없다. 그런 사람은 생활에 변화를 추구하며 이따금 교외나 농원에서, 또는 항해나 사냥을 하면서 시간을 보내야 한다. 때로는 휴식을 취하지만 대개는 일을 하면서 하루를 보낼 것이다. 실제로 태만은 몸을 약하게 만들며 노동은 몸을 강하게 만든다. 또 전자는 노화를 앞당기고 후자는 젊음을 유지시킨다.**
>
> [켈수스, 《의학론》, 이시와타 류지·와타나베 요시쓰구 옮김, 〈의사학 연구 2〉, 이와테 의과 대학교 의사학 연구회, 1987년]

아마도 켈수스가 저서를 남겼을 무렵에는 대 카토처럼 극단적으로 그리스 문화를 혐오하는 사람이 로마에서 모습을 감췄을 것이다. 로마는 그리스의 문학과 교양을 전부 자신들의 것으로 만들면서도 국력이 쇠약해지기는커녕 계속 영토를 확대해 나갔기 때문이다. 카르타고와의 전쟁(포에니 전쟁)으로 이탈리아반도 전역이 황폐해진 탓에 중장보병을 담당했던 독립 자영 농민은 몰락을 피할 수 없었지만, 생활이 어려워진 사람들을 유력자가 보호하고 절반쯤 사병화한 까닭에 로마 전체의 군사력은 오히려 강화되었다.

그리고 원로원(의회)의 존재를 위협하는 유력자가 출현함에 따라 로마는 '내란의 1세기'에 돌입한다. 그 과정에서 크라수스, 폼페이우스, 카이사르, 안토니우스 등 유력자의 도태가 진행되었고, 기원전 27년에는 정치 체제가 기존의 공화정에서 제정으로 이행되었다.

공화정 로마가 로마 제국이 된 뒤에도 영토의 확대는 계속되어, 로마 제국은 지중해 연안을 전부 확보하게 된다. 여기에 서아시아에서는 아르메니아의 복속을 둘러싸고 이란의 아르사케스 왕조(파르티아)와, 동유럽 다뉴브강 유역에서는 켈트계·게르만계 이민족과 무력 충돌을 거듭하면서, 로마 제국은 영토를 최대한으로 넓혔다.

이것은 흔히 말하는 5현제 시대(96년~180년)에 있었던 일이다. 18세기 영국의 역사가 에드워드 기번이 그의 대표작《로마 제국 쇠망사》에서 "인류가 가장 행복했던 시대"라고 칭송했던 시기다.

전성기의 로마를 덮친,
온몸에 궤양이 생기는 기이한 병

그러나 5현제의 마지막을 장식하는 마르쿠스 아우렐리우스 안토니누스(재위 161년~180년)의 치세였던 서기 166년에 로마에서 대규모의 역병이 발생했다. 주로 '안토니누스 역병'이라고 불렸던 이 병은 시기적으로 파르티아 원정을 마치고 개선한 군대가 가져왔다고 봐도 틀림이 없어 보인다.

의사 갈레노스(129년~216년)에 관해서는 뒤에서 다시 설명하기로 하고, 먼저 '안토니누스 역병'에 관한 갈레노스의 기술을 문장별로 줄을 띄우며 인용하겠다.

(병에 걸린 지) 9일째인 어떤 젊은이는 온몸에 궤양이 생겼다.

이것은 살아남은 다른 대부분의 사람과 마찬가지였다.

그때는 약간 기침을 했다.

다음 날, 입욕 후 즉시 더욱 심하게 기침을 했고, 에페르키스라고 불리는 것을 기침과 함께 토해 냈다.

목구멍과 가까운 목 부분의 거친 동맥(기관)에 이 부분이 궤양을 일으켰다는 명확한 감각이 있었다.

그래서 나는 그의 입을 벌리고 어딘가에 궤양이 있지 않은지 조사했다.

……이미 배출해 회복되어 가는 사람에게서는 검은 발진이 온몸에 잔뜩 나타났다.

대다수의 사람에게서 궤양이, 모든 사람에게서 건조가 나타났다.

열이 있는 사람들에게서는 혈액이 부패해 다른 많은 잉여물처럼 자연이 피부를 향해서 밀어낸 것 같은 잔여물이 생겼음이 명백해 보였다.

[갈레노스, 《치료법》 제5권 제12장에서, 후쿠시마 마사유키 옮김]

19세기 독일의 의학자인 하인리히 헤저(1811년~1885년)는 이 역병에 대해 천연두라는 견해를 제시했다. 그러나 갈레노스의 기술을 보면 기관의 궤양, 발열, 온몸의 발진 같은 증상에 관해서는 언급했지만 천연두에 걸렸다가 살아남은 환자의 얼굴에 반드시 남을 터인 마맛자국에 관해서는 단 한마디도 언급하지 않았다. 병에 걸렸을 때부터의 경과를 꼼꼼하게 기록으로 남겼던 갈레노스가 마맛자국 같은 커다란 특징을 간과했다고는 생각하기 어렵다. 따라서 '안토니누스 역병'을 천연두라고 단정하는 것에는 의문 부호를 붙일 수밖에 없다.

《속일본기》에 기록된 병은 천연두일까?

참고로, 나라 시대의 일본에는 천연두일 가능성이 이것보다 훨씬 높은 사례가 있었다. 쇼무 덴노의 시대에 막대한 피해를 가져왔던 역병이 그것이다.

《일본서기》에 이어 일본에서 칙명으로 편찬된 두 번째 역사서인 《속일본기》를 보면 서기 737년 4월 19일에, "다자이후 관내의 토지들에서는 **부스럼이 생기는 역병**이 자주 유행해 사람들이 많이 죽었다"[이하 인용은 우지타니 쓰토무 옮김, 고단샤 학술문고, 1992년]라는 기술이 있다. 또한 이보다 이틀 전인 4월 17일에는 다음과 같은 기술이 있다.

"참의(參議)·민부경(民部卿)이며 정3위인 후지와라노 아손 후사사키가 사망했다."

후지와라노 후사사키는 나라 시대의 정치가인 후지와라노 후히토의 둘째 아들이다. 후히토는 646년 일본에서 시행된 정치 개혁인 다이카 개신을 주도한 후지와라노 가마타리의 후계자이며, 자신도 생전에 우대신까지 올랐었다. 후히토에게는 기대를 모았던 아들이 네 명 있었다. 그런데 둘째 아들인 후사사키를 시작으로 넷째 아들인 마로, 첫째 아들인 다케치마로, 셋째 아들인 우마카이가 같은 해 8월 5일까지 차례차례 병으로 죽고 말았다.

그리고 6월 1일에는 "조정에서의 집무를 그만뒀다. 모든 마을의 관리가 역병에 걸렸기 때문이다"라는 기술이 있으며, 이 전후의 기술에서도 상급 귀족의 부고가 눈에 띈다.

이렇게 도읍에 사는 상급 귀족조차도 병에 걸려 죽는 것을 피할 수 없었으니, 당시의 서민은 그저 부처님에게 비는 수밖에 없었을 것이다. 쇼무 덴노가 국가를 지키기 위한 구체적인 방책으로서 지역마다 사찰을 건립하는 데 그치지 않고 도다이지(나라에 위치한 일본의 대표적인 사찰-옮긴이)의 불상 건립을 강력히 추진했던 것도, 사람들의 마음속에서 불안과 공포를 없앰으로써 일상 복귀를 촉진하려는 의도가 있었는지도 모른다.

《속일본기》에서는 최악의 해가 된 서기 737년을 다음과 같은 기술로 마무리했다.

"이해 봄, **학질이 있는 역병이 크게 유행했다.** 처음에 쓰쿠시에서 전염이 시작되어 여름을 거쳐 가을까지 계속되면서 고관 이하 천하의 인민이 줄지어 사망했는데, 그 수는 이루 헤아릴 수 없을 정도였다. 이런 일은 지금까지 한 번도 없었다."

《속일본기》에 나오는 '부스럼이 생기는 역병', '학질이 있는 역병'은 천연두일 가능성이 안토니누스 역병보다 더 높다. 회복 후에 남는 마맛자국이 무엇보다도 강력한 근거다.

세계사에는 역병에 관한 기록이 다수 남아 있지만, 《속일본기》처럼 병을 특정할 수 있을 만한 기록이 있는 경우는 매우 드물다.

이미 절멸한 병원체가 고대 문명이 멸망한 원인이다?

과거에는 존재했지만 병원균이 모두 죽어서 현재는 발견되지 않게 된 역병도 많을지 모른다. 다만 그런 역병이 있었는지 없었는지를 단언할 수는 없다. 그 증거를 찾아낼 수 없기 때문이다. 유전자 해석 기술이 발전한 덕분에 지금은 상당히 많은 사실을 알 수 있게 되었지만, 그럼에도 아직 한계는 있다. 인플루엔자도 확실히 거슬러 올라갈 수 있는 것은 20세기 초엽까지이며, 그보다 전에 발생했던 인플루엔자로 추정되는 역병에 관해서는 확증을 얻지 못하고 있다. 고대 이집트의 미라가 살아 있을 때 결핵을 앓았는지 어쨌지는 판별할 수 있지만 그 이외에는 판별이 어려운 것이다.

이 건과 관련해 2022년 8월 24일의 〈뉴스위크 일본어판〉에는 "절멸한 병원체가 고대 문명이 멸망한 원인일 가능성이 있다는 연구 결과가 나왔다"라는 흥미로운 기사가 실렸다. 이 기사의 소스는 학술 잡지인 〈커런트 바이올로지〉(2022년 7월 25일자)에 발표된 논문이다. 기사에 따르면, 독일의 막스 플랑크 진화인류학 연구소 등의 팀은 지중해 크레타섬의 고대 매장지인 하기오스 차랄람보스 동굴에서 발굴된 인간의 치아 68개를 분석했다. 그리고 이것이 최소 32명분의 치아이며 그중 10명은 기원전 2290년에서 기원전 1909년 사이에 사망한 것으로 추정했다. 또 이것을 더욱 면밀히 분석한 결과, 2명에게서 페스트균을, 다른 2명에게서 장티푸스를 일으키는 살모넬라균을 검출했다고 한다.

이 시대는 이집트 고왕국이나 메소포타미아의 아카드 제국이 멸망한 시기와 일치한다. 기존에는 이민족의 침입과 기후 변동이 겹치면서 멸망한 것이 아닐까 추정했는데, 이번 발견으로 감염증의 만연도 멸망의 요인 중 하나임을 부정할 수 없게 되었다는 것이 연구팀의 견해다.

참고로, 검출된 병원균은 이미 절멸한 계통인 까닭에 그 감염증이 당시의 지역 사회에 어떤 영향을 끼쳤는지 자세히 밝혀내기는 어렵다고 한다.

현재 전해지는 고대 서양의 의서 중 대부분은 갈레노스가 쓴 것이다

다시 의사 갈레노스의 이야기로 돌아가자. 갈레노스는 아나톨리아의 북서쪽 연안에 있었던 페르가몬(현재의 베르가마)에서 태어났다. 유복한 건축가 집안의 외동아들로 태어나 그리스어로 엘리트 교육을 받았는데, 17세에 아버지가 꿈에서 본 신의 계시에 따라 의학의 길을 걷기로 결정했다. 그리고 아나톨리아 서쪽 끝에 위치한 스미르나(현재의 이즈미르)와 그리스 본토의 코린토스, 이집트의 알렉산드리아 등 제국 곳곳의 명성 높은 의사가 있는 곳에서 수업을 쌓은 뒤 28세에 페르가몬으로 돌아와 검투사의 전속 의사로 일했다.

검투사는 구경꾼들 앞에서 맹수나 다른 검투사와 목숨을 건 결투를 해야 하는 직업이다. 그런 까닭에 전속 의사의 역할은 외상에 대한 처치가 중심이었겠지만, 구경꾼들에게 용맹스럽지 못한 결투를 보여줘서는 안 된다는 이유에서 검투사들의 몸 상태까지 관리했을 가능성도 있다.

32세에 다시 고향을 떠난 갈레노스는 리키아(아나톨리아 남부), 시리아, 키프로스 등지를 거쳐 로마에 다다른다. 로마에서는 공개 수업을 하고 토론을 벌이는 한편으로 자연학과 해부학 관련 서적을 집필했는데, 역병이 로마를 덮치자 다시 고향으로 돌아갔다. 2년 후에는 마르쿠스 아우렐리우스 안토니누스의 요청으로 게르마니아 원정군에 참가했다. 그리고 이듬해에 군무에서 해방되어 황자 콤모두스의 시의(왕족의 진료를 맡은 의사-옮긴이)가 되었으며, 이때부터 세상을 떠나기 전까지 정력적으로 집필 활동을 계속했다.

아직 종이도 인쇄기도 없던 이 시대에는 저작물을 쓸 때 파피루스를 사용했다. 읽고 싶은 사람은 소유자에게 빌려서 통째로 암기하거나 손으로 옮겨 적어서 필사본을 만드는 수밖에 없었는데, 갈레노스 자신도 그렇게 해서 선인들의 유산을 흡수해 나갔을 것이다.

인기 있는 저작물은 많은 사람이 수많은 필사본을 만들기 때문에 당연히 후세에 전해질 확률이 높아진다. 반대로 인기가 없는 저작물이나 가치가 없다고 여겨진 저작물은 필사본을 만드는 사람이 없기 때문에 원본의 파피루스가 썩어 버리면 그것으로 끝이었다.

이것은 현재 전해지는 고대 서양의 의서 가운데 95% 이상이 갈레노스의 저작물이라는 결과를 불러왔다. 갈레노스 이전의 의서는 갈레노스가 언급해 줘서 살아남은 것에 불과했다. 말 그대로 완전한 갈레노스의 독무대라고 할 수 있다.

원숭이의 해부를 거듭하면서 인체의 기능을 추측하다

그렇다면 왜 갈레노스의 저작물에 인기가 집중되었을까? 생각할 수 있는 주된 이유는 두 가지다. 첫째는 동물을 해부한 결과를 바탕으로 인체의 구조를 이론화했기 때문이고, 둘째는 온갖 질환을 이론적으로 설명했기 때문이다.

인체 해부는 헬레니즘 시대에 알렉산드리아의 의사였던 헤로필로스와 에라시스트라토스가 특례로 허락받았던 것을 제외하면 시행된 사례가 없으며, 로마 시대에도 금지였다. 그래서 갈레노스는 바바리원숭이를 수없이 해부했다. 갈레노스가 헤로필로스와 에라시스트라토스가 남긴 기록, 그리고 기원 전후에 역시 알렉산드리아에서 활약했던 에페소스(아나톨리아 서부) 출신의 의사 루푸스의 해부학 연구를 참고했을 것은 틀림이 없다. 여기에 자신이 검투사 전속 의사와 게르마니아 원정의 종군 의사로 일했던 경험상 인체의 내부를 볼 기회가 조금이나마 있었기에 인체의 구조에 관해서도 어느 정도는 지식이 있었다. 그러나 아무리 부상자를 치료한들 인체 각 부분의 기능까지는 알 수가 없다. 그렇기 때문에 인체 해부가 허용되지 않는 상황에서 인체를 깊게 탐구하려면 인간과 마찬가지로 이족 보행을 하는 원숭이를 해부하는 수밖에 없었다.

오줌을 만드는 곳은 방광이 아니라 신장이라는 사실, 신체의 운동과 감각을 지배하는 것은 척수라는 사실, 후두근육을 지배하는 것이 되돌이후두신경(성대나 무엇인가를 삼키는 기능을 관장하는 신경)이라는 사실을 밝혀낸 것은 갈레노스의 커다란 공적이다. 다만 분명 설득력은 있지만 현대 의학의 관점에서 보면 잘못된 이론도 적지 않았다. 이를테면 3대 기관과 맥관에 관한 생리학설이 그렇다. 갈레노스는 복부에서는 간, 흉부에서는 심장, 두부에서는 뇌가 주요 기관이며, 간에서 나온 정맥은 영양이 풍부한 정맥혈을, 심장에서 나온 동맥은 생명의 정기가 담긴 동맥혈을, 뇌에서 나온 신경은 동물의 정기가 담긴 신경액을 온몸에 보낸다고 생각했다. 또한 정맥은 혈액을 생성해 온몸으로 운반하기 위해 만들어진 것이며, 동맥의 용도는 본성에 의거한 온기를 유지하고 혼적(魂的)인 정기를 배양하는 것, 신경의 용도는 지각과 운동을 근원에서 각 부분으로 전달하는 것이라는 이론을 만들었다. 당시는 이 이론이 널리 받아들여졌다.

그러나 16세기에 윌리엄 하비(116쪽)가 혈액 순환론을 발표함으로써 이 이론은 완전히 부정되었다. 이것은 반대로 말하면 그전까지는 갈레노스의 이론이 권위 있는 이론으로 받아들여졌으며 그 이론에 입각해서 치료를 계속했다는 의미이기도 하다.

체액에 관한 이론도 마찬가지다. 갈레노스는 고대 그리스의 히포크라테스가 제창했던 4체액설을 더욱 발전시켜, 인체의 구성 요소로서 네 개의 원소와 기본적인 성질, 그리고 그 혼합으로 만들어지는 네 종류의 체액이 있다고 생각했다.

갈레노스의 4체액설

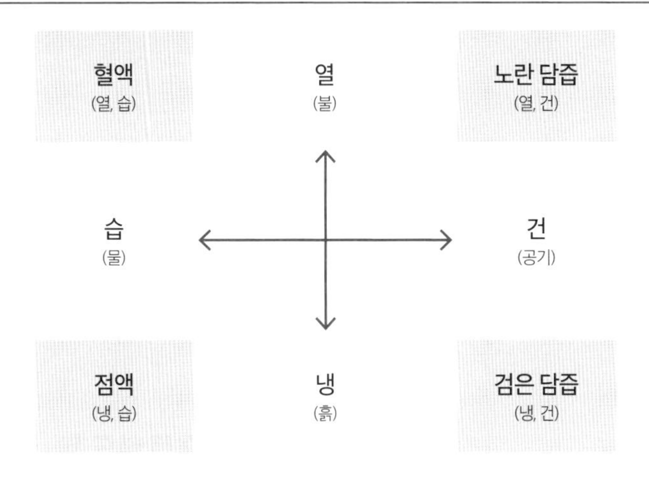

- 혈액은 열(熱)과 습(濕)의 조합
- 노란 담즙은 열과 건(乾)의 조합
- 점액은 냉(冷)과 습의 조합
- 검은 담즙은 냉과 건의 조합

건강을 유지하려면 혼합의 균형이 잡혀야 하며, 균형의 붕괴는 병의 원인이 된다. 의사가 해야 할 일은 불균형이 발생한 원인을 찾아내 자연스러운 상태로 되돌리는 것이다. 이것이 갈레노스의 생각이었다.

어딘가 동양 의학의 이론과 비슷해 보이기도 하는데, 근대 의학이 탄생하기 전에는 이런 이론들이 강력한 영향력을 발휘했다.

질병의 설명에 설득력을 부여한 박학다식함

갈레노스는 인기가 많았을 뿐 아니라 존경도 받았다. 그러나 단순히 동물을 해부한 결과를 바탕으로 인체의 구조를 이론화한 것만으로는 이렇게까지 존경을 한 몸에 받지 못했을 것이다. 기존에 나온 의서를 집대성해 환자는 물론이고 다른 의사들까지도 수긍할 수 있도록 논리정연하게 설명한 것이 큰 영향을 끼치지 않았나 싶다.

갈레노스는 굉장한 독서가인 동시에 특출난 기억력의 소유자였으며 흡수한 지식을 직접 재구축할 수 있는 천재적인 인물이었다. 그는 해부학과 생리학, 양생학뿐만 아니라 약제학에 관한 저작물도 다수 남겼는데, 그 대부분은 1세기 중엽에 활약했던 페다니우스 디오스코리데스(50년경~70년경에 활약)의 《약물에 대하여》라는 책에 의거한 것으로 여겨진다. 군의였던 디오스코리데스는 네로 황제와 베스파시아누스 황제를 섬기는 가운데 광대한 제국을 여행하며 약초에 관한 지식을 쌓았다. 약 600종의 식물약과 약 90종의 광물약, 약 35종의 동물약을 포함해 1,000종에 가까운 생약이 소개되어 있는 《약물에 대하여》는 훗날 색을 칠한 그림도 첨부되면서 17세기까지 의학 교육 현장에서 사용되었다. 갈레노스가 그 내용을 인정했기에 시대를 초월해 계승되었던 것이다.

현재의 관점에서 보면 갈레노스의 이론에는 분명 오류도 있다. 그러나 그의 저작물이 고대의 의학 상황을 알기 위한 최고의 정보원임은 의심할 여지가 없다. 왜 그의 저작물만이 후세에 전해졌는지, 왜 그가 중세부터 르네상스기에 걸쳐 '의사의 군주'로 추앙받았는지도 이해가 된다.

다만 갈레노스의 등장 이후 평균 수명이 이전에 비해 획기적으로 증가했던 것은 아니며, 그가 불치병을 치료할 수 있는 병으로 바꾼 사례도 없다. 애초에 당시의 의사는 그 정도의 기술을 요구받지 않았다. 그리스 시대와 마찬가지로 로마 시대에도 의사는 병에 대해 완전히 무력했으며, 그들의 중요한 역할은 환자와 그 가족을 안심시키고 신뢰를 유지하는 것이었다.

만약 로마의 인구가 크게 줄어들지 않았더라면

에드워드 기번이 말하는 '인류가 가장 행복했던 시대'는 마르쿠스 아우렐리우스 안토니누스의 죽음과 함께 종말을 고한다. 그 뒤로 로마 제국은 내리막길을 걸었으며 군인 황제 시대(235년~284년)라는 기나긴 내란의 시기도 경험하게 되는데, '안토니누스 역병'으로 인구가 크게 줄어든 것도 이러한 쇠퇴와 무관하지는 않았으리라.

유스티니아누스 역병

지중해 제국 회복의 너무나도 큰 대가

크리스트교가 세력을 확대함에 따라 제국이 쇠퇴하다

크리스트교는 서기 1세기에 시작되었다. 크리스트교의 경전인 《신약성경》에는 난치병을 치유한 이야기가 많이 나오는데, 전부 기적을 행해서 치유한 것이기에 의학적으로는 아무런 참고가 되지 못한다.

인과관계는 알 수 없지만, 크리스트교 신자의 증가와 로마 제국의 쇠퇴는 어떤 시기부터 병행해서 진행되었다. 3세기 말이 되자 군인 황제 시대의 내란은 일단 진정되었다. 하지만 제국을 넷으로 분할

하고 정제(正帝)와 부제(副帝)를 각각 두 명씩 두는 사두정치 체제를 구축한 디오클레티아누스 황제(재위 284년~305년)가 세상을 떠나자 내란이 재발하고 말았다. 크리스트교를 공인하고 신앙의 자유를 인정하는 등의 내용이 담긴 밀라노 칙령이 발포된 때는 내란이 한창이던 서기 313년이었다.

330년에는 로마에서 콘스탄티노플로 천도가 시행된다. 인구나 경제력의 비중도 그렇지만, 주요 적들이 동방에 있는데 수도가 서쪽으로 치우친 로마는 불편이 컸기 때문일 것이다. 4세기 말에는 크리스트교의 국교화와 제국의 동서 양분이 이루어졌고, 주피터와 마르스 등 전통적인 신들에 대한 제사가 폐지되었으며, 고대 올림픽의 역사에도 종지부가 찍혔다. 이 시기에 크리스트교도의 수는 제국 인구의 10% 전후에 불과했지만, 그들의 독실한 신앙심은 수적 부족을 메우고도 남을 정도였다. 그래서 쓸데없이 대량의 짐승을 제물로 바치기만 할 뿐 완전히 형해화되어 버린 전통 신앙을 버리고 활력이 넘치는 신흥 종교에 제국의 미래를 맡기게 된 것이다.

동서로 양분된 로마 제국은 편의상 '서로마 제국'과 '동로마 제국'으로 불린다. 서로마 제국은 동방에서 시작된 이른바 '게르만족의 대이동'으로 인해 밀라노, 라벤나로 천도를 거듭하다 결국 476년에 멸망한다. 한편 동로마 제국은 수도인 콘스탄티노폴리스의 옛 명칭이 비잔티움이었던 까닭에 비잔티움 제국이라는 명칭으로도 친숙하다.

제국의 기질도 우수한 군인을 양자로 들여 후계자로 삼았던 5현제 시대와는 완전히 달라졌다. 살벌했던 분위기는 약해지고, 시민들에게 제공되는 주된 오락도 검투사들의 결투에서 전차 경주로 대체되었다. 여기에 그리스인이 주민의 과반수를 차지하게 됨에 따라 공용어도 라틴어에서 그리스어로 바뀌는 등, 로마 제국은 '로마'를 자칭하면서도 그리스인의 제국이 되어 갔다.

그리스 학예의 최고 학부인 아카데메이아를 폐쇄하다

6세기 중반, 유스티니아누스 1세(재위 527년~565년)가 동로마 제국 황제의 자리에 올랐다. 이 유스티니아누스는 세상의 평판이 극단적인 인물이었다. 가령 같은 시대를 살았던 역사가 프로코피우스는 저서인 《비사》에서 "인간의 껍질을 뒤집어쓴 악마다. 그가 무수히 많은 사람에게 가져다준 재앙의 규모가 이를 증명한다. 그 차원을 달리하는 악행은 그것을 실행한 자의 힘을 명확히 보여주기 때문이다"[프로코피우스, 《비사》, 와다 히로시 옮김, 교토대학교 학술 출판회, 2015년]라며 유스티니아누스를 신랄하게 평했다. 그뿐만이 아니다. '악마의 대왕', '위선자', '변절자', '낭비가', '착취자', '멍청한 당나귀', '노예근성' 등 온갖 표현을 사용하며 인정사정없이 유스티니아누스를 비난했다.

프로코피우스는 동시대의 다른 인물들도 원색적으로 비난했기에 유스티니아누스뿐만 아니라 프로코피우스 개인의 성격에도 문제가 있어 보이지만, 최근의 연구에 따르면 프로코피우스가 언급한 구체적인 사건들 자체는 대체로 사실인 모양이다. 이 말은, 폭도들이 불태운 성 소피아 대성당을 유스티니아누스가 재건한 것이 사실이라면 당시 최고 학부라고 부르기에 손색이 없었던 아카데메이아를 유스티니아누스가 폐쇄한 것 또한 사실이라는 의미다.

기원전 4세기에 플라톤이 개설한 아카데메이아는 철학을 비롯해 고대 그리스의 학문 전체를 종합적으로 계승하는 장소였다. 유스티니아누스는 크리스트교 이전의 신앙이나 풍습은 전부 이교의 잔재이므로 철저히 배제해야 한다는 성직자들의 주장을 거부하지 못하고 아카데메이아를 폐쇄한 것인데, 어쩌면 오히려 적극적으로 그런 주장에 찬동해 폐쇄 명령을 내렸을 가능성도 있다. 비잔티움 제국의 교회는 황제의 권력에서 독립되지 않은 일개 국가 기관 같은 곳이었기에, 유스티니아누스는 성직자들의 진언을 기다릴 필요도 없이 독단으로 아카데메이아의 폐쇄를 명할 수도 있었기 때문이다. 즉 황제의 권력을 과시하기 위한 화려한 퍼포먼스로써 선택한 것이 아카데메이아의 폐쇄였을지도 모른다.

의서 중 일부는 교회나 수도원에서 계승되었다

아카데메이아가 폐쇄되어 머물 곳을 잃어버린 철학자 및 과학자들은 새로운 후원자를 찾아 뿔뿔이 흩어졌을 것으로 생각된다. 또 아스클레페이온 등의 신전에서 의료 활동을 펼칠 수도 없게 되었을 것이다. 사회 전체가 크리스트교의 영향력 아래에 놓이면서 인간의 죄나 타락이 병의 원인이라는 발상이 확산되었으며, 병에 걸리면 신앙심을 강화하고 교회에 더 많이 기부하도록 장려하는 분위기가 형성되었다.

다만 고대 그리스·로마 시대에 축적되었던 의학이 완전히 폐기된 것은 아니었다. 당시의 교회와 수도원은 고문서를 보관하는 장소로도 기능했기에, 고문서를 읽고 의료의 기초를 공부한 수도사가 위험을 무릅쓰고 진료나 약 처방을 하는 경우도 많았다. 본래 단식 등의 금욕적인 은둔 생활을 통해 신에게 한 걸음이라도 더 다가가기 위한 시설이었던 수도원이, 고문서의 보관과 계승을 통해 고대와 중세의 의학을 연결하는 역할도 했던 것이다.

고문서의 계승에 관해서는 4~5세기경부터 변화가 나타난다. 긴 파피루스 용지를 둘둘 말아서 보관하는 기존의 두루마리 대신 튼튼한 양피지를 제본한 책자가 주류를 차지한 것이다. 두루마리는 구술필기에 적합하지만 적어 넣을 수 있는 글자의 수에 제한이 있으며 보고 싶은 부분을 찾는 데도 시간이 걸린다. 그에 비해 책자는 보고 싶은 부분을 찾기도 쉽고 필사를 할 때도 편리하기에 무서운 기세로 보급되어 갔다. 사용 편의성이 대폭 개선된 책자가 두루마리를 대신하기까지는 그리 긴 시간이 걸리지 않았다.

23만 명이 넘는 사람이
샘 페스트와 비슷한 증상을 보이며 죽다

542년, 어떤 역병이 유스티니아누스 황제가 통치하던 제국을 덮쳤다. 프로코피우스는 저서인《전사》의 제2권 22절 '유스티니아누스 역병'에 그 상황을 다음과 같이 기록했다.

> 어떤 사람들은 즉시, 또 어떤 사람들은 며칠 후에 사망했다.
> 몸에 렌즈콩 크기의 검은 수포가 생긴 사람도 있었으며, 이런 사람들은 하루도 버티지 못하고 금방 사망했다.
> 많은 사람이 저절로 피를 토한 뒤 곧 사망했다.
> 내가 분명히 말할 수 있는 것은, 굉장히 고명한 의사들이 죽을 것이라고 예고한 사람은 예측과 달리 얼마 후 죽음을 피하는 경우가 많은 반면에 나을 것이라고 단언한 사람은 금방 사망한 경우가 많았다는 사실이다.
> 이처럼 이 병에는 인간의 논리가 통하는 것 같은 원인이 하나도 없다.
> 실제로 모든 상황에서 전혀 논리가 통하지 않는 결과가 나타났다.
> 가령 어떤 사람은 목욕을 했더니 상태가 나아졌지만, 어떤 사람은 목욕을 했더니 오히려 상태가 심하게 악화되었다.
> 치료를 받지 않은 사람은 사망하는 경우가 많았지만, 살아남은 경우도 많았다.
> 게다가 같은 치료를 받더라도 사람에 따라 다른 결과가 나타났다.
>
> [프로코피우스,《전사》제2권 22절부터, 후쿠시마 마사유키 옮김]

의사들의 무력감과 곤혹스러움이 그대로 전해지는 내용이다.

541년에 이집트에서 시작된 이 역병은 그 후 4년에 걸쳐 지중해 일대에 확산되었으며, 북유럽과 아라비아반도에서는 549년까지 맹위를 떨쳤다. 역병이 제국의 수도 콘스탄티노폴리스를 덮친 때는 542년이었다. 열이 나는가 싶더니 사타구니나 겨드랑이의 림프샘이 붓고, 이윽고 혼수상태에 빠지거나 착란 상태가 되며, 결국은 피를 토하고 죽는 경우도 있었다. 하루 평균 1만 6,000명이 사망했으며 23만 명까지는 사망자의 수를 집계했지만 그 뒤로는 집계를 포기했다든가, 매장할 장소가 없어서 교외에 커다란 구덩이를 여러 개 파고 시체를 던져 넣었다는 기록도 있다.

프로코피우스가 기술한 증상과 유행의 패턴을 봐서는 이후 14세기에 유행하게 되는 흑사병과 마찬가지로 샘 페스트일 가능성이 커 보인다. 다만 비잔티움 제국사의 전문가인 이노우에 고이치는 "이 시대 사람들의 기록은 고대 그리스의 역사가 투키디데스의 문체를 흉내 내거나 구약성경을 인용한 것이 많기 때문에 병의 실태를 제대로 알기는 어렵다"[이노우에 고이치·구리우자와 다케오, 《비잔티움과 슬라브-세계의 역사 11》, 주오코론샤, 1998년]라며 주의를 촉구했다. 그러니 이 점을 염두에 두면서 받아들이는 편이 좋을지 모른다.

만약 영토 확장에 성공하지 못했더라면

이때의 역병을 '유스티니아누스 역병'이라고 부르는 이유는 물론 유스티니아누스 1세의 치세에 일어난 역병이기 때문이다. 게다가 역병의 대유행은 그가 이룬 업적과 결코 무관하지 않았다.

그의 치세에 제국은 한때 영토를 확대하기도 했다. 다만 유스티니아누스의 소심한 성격을 생각하면 이것은 무희 출신의 당찬 황후 테오도라와 벨리사리우스라는 우수한 장군 덕분일 것이다. 어쨌든, 게르만 민족의 지배를 받았던 북아프리카와 이탈리아반도, 시칠리아섬, 이베리아반도의 일부를 탈환하면서 그는 일시적이기는 하지만 지중해 제국을 재건하는 데 성공했다.

이집트는 지중해 주변에서 가장 큰 곡창 지대였기에 본래라면 이곳을 탈환한 것은 매우 경사스러운 일이다. 그러나 이때만큼은 시기가 안 좋아도 너무 안 좋았다. 이집트에서 유행하고 있었던 역병이 콘스탄티노폴리스로, 그리고 다시 제국 전역으로 확대되어 버렸기 때문이다. 이 역병이 바로 '유스티니아누스 역병'이다. 유스티니아누스 본인도 감염되었지만, 다행히 증상은 가벼웠던 듯하다.

프로코피우스는 유스티니아누스가 무수히 많은 사람에게 재앙을 안겼다며 그를 악마라고 불렀는데, 이 역병은 그중에서도 가장 규모가 큰 재앙이었다고 말할 수 있다.

column 01

고전 의학의 시작

증상을 관찰해 문자화하는 것이 서양 의학의 전통

고대 그리스·로마 시대의 의학에 관해서는 히포크라테스와 갈레노스가 집대성해 준 덕분에 상당 부분이 알려져 있다. 환자의 상태를 관찰하고 그것을 언어로 표현하는, 지극히 당연해 보이는 이 작업은 고대 그리스에서 유래했으며 유럽 의학의 커다란 특징이 되었다.

아직 의학서나 진료 기록부가 없었던 시절에는 선인의 경험을 배울 수단이 없기 때문에 오로지 자신의 기억에 의지해야 했다. 설령 귀중한 증례를 접하더라도 당사자가 그것이 얼마나 귀중한 증례인지 깨닫지 못하고 아무에게도 이야기하지 않으면 모처럼 얻은 경험도 무의미해질 수밖에 없다. 또한 자신의 경험과 기억에만 의존하면 시간이 지나며 망각해 버리거나 기억이 희미해질 위험성도 있다. 상당한 시간이 지난 뒤에 '그때 내가 어떻게 했더라?'라며 기억을 되살려 보려고 하지만 생각이 나지 않는 경우도 적지 않다.

그러나 글로 기록해 문서로 남겨 놓으면 나중에 찾아볼 수도 있고 복수의 사례를 비교하며 깊게 생각해 볼 수도 있다. 게다가 병에 관해서 곰곰이 생각할 기회도 되며, 증례를 분석하거나 정리하기도 용이해진다. 언뜻 별다를 것이 없어 보이는 증상이나 경과에 대한 기록이 나중에 되돌아보면 귀중한 데이터가 되는 경우도 있다. 문자화에는 이처럼 큰 장점이 있다.

다만 어떤 병에 대해서든 치료법이 확립되는 것은 훨씬 이후의 일이다. 당시 의사의 역할은 그 병을 철학적으로 설명하고, 경험에 입각해서 약을 처방하며, 약을 먹기 시작해 며칠 후에 이렇게 되면 이렇게 하라고 자신만만하게 지시하는 것이었다. 오로지 경험에 의지해서 판단할 뿐 과학적인 근거는 없었지만, 그래도 효과는 꽤 있었다. 신뢰하는 의사에게 병과 약의 효과에 관한 설명을 듣고 의사의 지시대로 따르면 정말로 증상이 개선될 때가 있기 때문이다. 이런 현상을 근대 의학에서는 '플라세보 효과'라고 부른다.

근대 이전에는 과학적 근거가 없어도 이를 사기라고 생각하지 않고 훌륭한 의료 행위로 간주했다. 병의 원인이 무엇인지 모르고 어떻게 치료해야 할지도 알지 못하지만, 어쨌든 당시의 의사는 환자를 위해서 열심히 궁리했다. 그리고 궁리를 거듭한 끝에 도달한 가설을 바탕으로 약을 처방했다. 한정된 상황 속에서 진지하게 최선을 다하는 것. 바로 이것이 의사의 책무였다.

국가 차원의 의사 면허 같은 것은 아직 존재하지 않았고, 내과와 외과도 분리되어 있지 않은 시대였다. 주변에서 의사라고 여긴 사람이 곧 의사였으며, 환자가 늘어날지 어떨지는 오로지 실적과 평판에 달려 있었다. 당시의 평균 수명은 매우 짧아서, 고대 로마 시대의 묘비를 꼼꼼히 조사한 결과를 보면 로마인의 평균 수명은 영유아의 사망을 계산에 넣지 않더라도 30세 전후에 불과했다고 한다. 게다가 묘비를 세울 만큼의 경제적 여유가 없었던 하층민이나 죽으면 교외의 구덩이에 버려졌던 노예들은 통계에 포함되지 않았을 터이므로 실제 평균 수명은 더 짧았을지도 모른다.

요즘이라면 낫는 것이 당연한 맹장염 등도 그리스·로마 시대에는 일단 걸리면 100%에 가까운 확률로 죽는 병이었다. 어제까지 건강했던 사람이 갑자기 죽는 일도 드물지 않았다. 당시의 사람들은 매일같이 생과 사의 갈림길에 서 있었던 것이다. 특히 역병이 유행할 때는 그 공포를 뼈저리게 실감했다. 당시의 사람들이 감염의 메커니즘을 알 방법도 없었고 치료법 또한 전무했기에 일단 걸리면 높은 확률로 죽음에 이르렀다. 말하자면 24시간 내내 끊임없이 러시안룰렛을 하는 상황이었다고 할 수 있다.

그런 시대였기에 문자로 기록을 남김으로써 정리나 분석을 할 수 있게 된 것만으로도 의학의 커다란 전진이었다.

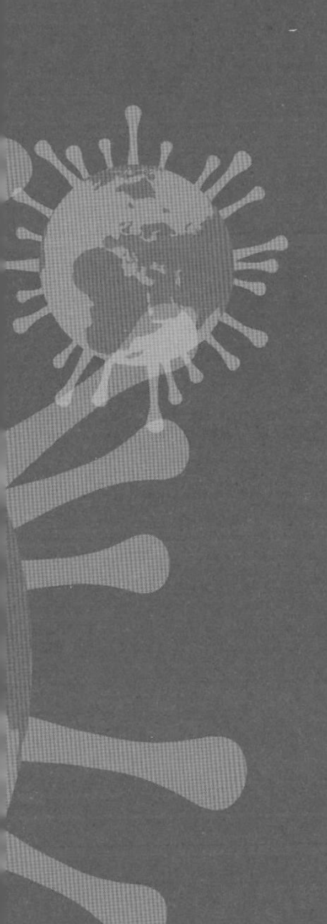

제 2 장

열쇠는 이슬람 세계에 있었다

1

고전 의서와 십자군

그리스·로마 시대의 결실을 이슬람 세계로부터 역수입하다

격동의 수백 년 동안 흩어지고 소실된 책들

게르만 민족의 대이동은 유럽의 세력도를 크게 바꿔 놓았다. 로마 제국은 위기에 효율적으로 대응할 겸 광대한 영토를 동서로 분할했지만 이 정도의 조치로는 상황을 뒤바꿀 수가 없었고, 결국 5세기 말에 서로마 제국은 멸망하고 말았다.

서로마 제국의 옛 영토에 게르만 국가들이 잇달아 탄생하면서 로마 교회는 마치 육지 속의 외딴섬처럼 고립되었다. 그래서 살아남기 위해 게르만 민족을 개종시켜 새로운 후원자로 삼으려 했는데, 이 시도가 성공하기까지는 상당한 시간이 필요했다. 496년에 게르만 국가인 프랑크 왕국의 왕 클로도베쿠스 1세(클로비스 1세)가 신하 3,000명과 함께 가톨릭으로 개종한 사례는 있지만, 이것은 어디까지나 드문 예였다. 가톨릭교회가 이단으로 간주했던 아리우스파를 대부분의 게르만 국가가 받아들였던 것도 상황을 한층 복잡하게 만들었다. 이 때문에 가톨릭교회는 정통 신앙과 이단의 차이를 설명하는 일부터 시작해야 했다. 결국 서고트 왕국의 왕은 589년, 랑고바르드 왕국의 왕은 602년이 되어서야 가톨릭으로 개종하게 되었다.

가톨릭교회에서 정통 신앙으로 여겼던 아타나시우스파와 이단으로 여겼던 아리우스파의 차이점은, 십자가 위에서 운명했지만 사흘 후에 부활했다고 여겨지는 예수 그리스도와 전지전능한 신 야훼의 관계를 어떻게 파악하느냐는 점이었다. 4세기의 로마 제국에서는 어느 쪽이 정통 신앙인가를 둘러싸고 신자들 사이에서 대량 살육이 벌어지기도 했다.

철학을 배운 적이 없는 사람이나 이교도들로서는 그들이 왜 싸우는지 도저히 이해할 수 없었다. 게르만 민족은 그 논쟁의 쟁점과 그들이 그렇게까지 열을 내는 이유를 이해하기까지 상당한 시간이 필요했을 것이다. 아니, 애당초 그것을 이해한 상태에서 개종에 응했는지도 의심스러운 측면이 있다. 서로마 제국의 옛 영토에서 게르만 민족이 차지하는 비율은 어떤 곳에서든 전체 인구의 10% 전후였다. 나머지 90%는 로마인 혹은 로마의 문화를 받아들였던 갈리아인(이들을 갈로로마인이라고 부른다), 그리고 이들의 혼혈이었다. 따라서 굳이 집착할 필요가 없는 부분에 대해서는 일단 다수파를 따르자며 적당히 타협했을지도 모른다.

이런 식으로 서로 다른 민족과 문화가 섞여서 새로운 집단과 문화가 창조되는 혼돈의 상태가 몇 세기에 걸쳐 계속되었다. 전란과 폭동도 반복된 결과 도서관이나 부자들의 서고 등은 괴멸 상태였기에, 고대 그리스·로마 시대의 지혜를 기록한 서적의 보존은 각지에 산재한 수도원과 교회에 실낱같은 희망을 걸어야 했다. 물론 의서도 같은 상황이었다.

비잔티움 제국에서 진행되었던 고전 의서의 편찬

같은 시기, 동쪽의 비잔티움 제국도 서로마 제국과는 또 다른 형태로 격동을 경험했다. 비잔티움 제국은 유스티니아누스 황제 시대에 서로마 제국의 영토를 일부 차지하는 데 성공했지만, 그 영토를 오랫동안 유지하지는 못했다. 7세기에는 신흥 세력인 아랍·이슬람 세력의 진격을 막아내지 못해 시리아와 이집트까지 상실했다. 그 결과 크리스트교의 5대 거점 중 세 곳인 알렉산드리아와 예루살렘, 안티오키아를 한꺼번에 잃었고, 크리스트교 세계에는 로마와 콘스탄티노폴리스만이 남게 되었다.

남은 영토가 발칸과 아나톨리아뿐인 상태에서 비잔티움 제국은 그 이상 영토가 축소되는 것을 어떻게든 막으려고 애썼다. 그러나 1071년 만지케르트 전투에 패한 것을 계기로 비잔티움 제국은 튀르키예계 세력에 아나톨리아의 영토를 조금씩 빼앗겼고, 이에 공포를 느껴 로마 교회에 원군 파견을 요청한 것이 훗날 십자군 운동으로 이어지게 된다.

그런데 이 기간에 비잔티움 제국이 직면했던 문제는 군사적인 열세와 영토의 축소만이 아니었다. 종교상의 신학 논쟁도 거듭되었고, 그 중에서도 가장 심각한 영향을 끼쳤던 것은 우상 숭배의 금지를 극단적으로 추진한 성상 파괴 운동(726년~787년, 815년~843년)이었다.《구약성경》에 있는 '모세의 십계명' 중 두 번째 계율에는 우상 숭배를 금지하라고 명시되어 있는데, 만약 예수의 초상이나 십자가가 우상에 해당한다면 수많은 신자가 잘못을 저지르고 있는 셈이 된다.

한편 유대교와 크리스트교에 이어 제3의 일신교로서 성립한 이슬람교에서는 우상 숭배를 철저히 금지해, 이슬람교 사원인 모스크를 장식할 때 아라비아 문자나 식물 문양만을 사용했다. 그래서 모스크에는 예배할 방향을 가리키는 표시는 있어도 사람 그림이나 조각 같은 것은 일절 찾아볼 수 없다. 십자가 같은 종교적인 상징조차 없다.

이런 모습을 본 이상, 군사적인 열세를 신앙심의 부족에 대한 신의 벌로 받아들이고 신앙심을 더욱 철저히 갖도록 요구하는 움직임이 나타나는 것도 이상한 일은 아니었다. 그런 움직임이 강해진 결과 비잔티움 제국에서 일어난 것이 바로 성상 파괴 운동이었다.

그 영향으로 비잔티움 제국의 영내에서 성상들이 전부 철거되었다. 이 움직임은 나아가 로마 교회에도 파급되었지만, 게르만 민족과 함께 나아가려 했던 사정이 영향을 준 것인지 로마 교회의 자세는 콘스탄티노폴리스 교회보다 훨씬 유연했다. 성상 자체를 숭배하는 것이 아니라 눈에 보이지 않는 신을 머릿속에 떠올릴 수 있도록 도울 뿐이기에 문제가 안 된다는 공식 견해를 내놓음으로써 혼란을 조기에 수습한 것이다.

이 때문에 전부터 주도권 다툼을 벌이고 있었던 로마 교회와 콘스탄티노폴리스 교회의 관계는 더욱 악화되었고, 1054년에는 서로에게 파문을 선고하는 사태까지 벌어졌다. 이른바 동서 교회의 분열이 발생한 것이다.

이런 연유에서 비잔티움 제국이라고 하면 흔히 고집스럽고 창조력이 부족하다는 이미지가 따라붙는데, 자신들은 개량할 생각으로 한 행위가 개악으로 이어지는 등 혁신이나 진보로 여겨지는 행위가 무조건 좋은 것이라고는 단언할 수 없다는 게 역사의 재미있는 점이기도 하다.

비잔티움 제국에서는 의료 기술이 커다란 진보를 이루지도 못했고 의학상의 위대한 발견도 없었다. 다만 한 가지 특기할 만한 점이 있었는데, 수많은 의학서가 편찬되었다는 것이다.

갈레노스의 주요 저서를 요약한 《알렉산드리아 집성》

제1장에서도 이야기했듯이, 4~5세기경부터는 서적의 형태가 긴 파피루스 용지를 말아 놓은 두루마리에서 튼튼한 양피지를 제본한 책자로 바뀌었다. 갈레노스를 비롯한 의학의 선구자들이 쓴 저작물을 발췌하거나 요약해 의료 현장에서 일하는 사람들이 쉽게 이용할 수 있도록 만든 책이 비잔티움 제국의 통치기에 탄생할 수 있었던 것은 그런 변화에 힘입은 바가 크다.

그중에서도 중세의 서유럽에 지대한 영향을 끼친 인물은 올리바시우스(320년~400년에 활약)와 아에티우스(530년~560년), 알렉산더(525년경~605년에 활약), 파울루스(640년에 활약) 이렇게 네 명이다. 이 네 명 중 에게해의 아이기나섬에서 태어난 파울루스를 제외한 나머지 세 명은 아나톨리아 출신이다. 올리바시우스는 그리스 시대부터 의학이 발달했던 페르가몬에서 태어났으며, 아에티우스와 파울루스는 알렉산드리아에서 함께 의학을 공부한 적이 있었다. 또 상세한 경력은 알 수 없지만 《오줌에 관하여》를 쓴 테오필루스 프로토스파타리우스(7세기 전반에 활약)와 《맥박에 관하여》를 쓴 필라르투스(9세기에 활약)가 끼친 영향도 커서, 오줌과 맥박을 이용한 진단법이 중세부터 르네상스기의 의사들 사이에서 폭넓게 활용되었다.

비잔티움 제국의 수도인 콘스탄티노폴리스의 우수한 의사는 황제의 시의로 초빙되었다. 다만 콘스탄티노폴리스에 그 정도로 우수한 의사는 많지 않았다. 제국에서 의학의 중심지는 콘스탄티노폴리스가 아니라 이집트의 알렉산드리아였기 때문이다. 알렉산드리아는 비록 기원전 3세기에 창건된 대형 도서관이 소실되었지만 여전히 그리스 시대 이래의 학문이 축적된 곳으로 명성을 떨쳤으며, 비잔티움 시대에는 갈레노스의 저작물 16점이 '16서'로 불리면서 중요한 의학 교육용 교재로 활용되었다. 또한 '16서'를 요약하고 여기에 설명을 추가한 《알렉산드리아 집성》이 6세기 혹은 그보다 조금 이후에 편찬되었다. 알렉산드리아가 아랍 이슬람군의 손에 넘어간 시기는 아마도 편찬이 완료된 뒤였을 것으로 생각된다. 현재는 아라비아어 사본만이 전해지고 있는데, 이것을 보면 아랍인 의사들도 훌륭하고 편리한 의학서로 여기며 유용하게 사용했던 듯하다.

이슬람 세계에서 진행된 고전 의서의 아라비아어 번역

고대 그리스·로마의 문화와 중세 서유럽의 문화를 연결하는 경로는 서유럽의 수도원과 비잔티움 제국 외에 또 하나가 있었다. 바로 아랍 이슬람 세계다. 십자군 운동을 계기로 상선의 왕래가 늘면서 아랍의 서적이 유럽에 유입되기 시작했다.

먼저 아랍 이슬람 세계의 개요를 정리하고 넘어가도록 하겠다. 이슬람교의 창시자인 예언자 무함마드가 세상을 떠난 때는 서기 632년이었다. 그로부터 정통 칼리파 시대(632년~661년)를 거쳐 시리아의 다마

스쿠스에 도읍을 둔 우마이야 왕조 시대(661년~750년)까지는 통일이 유지되었다. 그러나 우마이야 왕조가 멸망한 뒤에는 아바스 왕조와 후기 우마이야 왕조로 양분되었고, 10세기가 되자 두 왕조 모두 쇠퇴하며 각지에서 지방 세력이 할거하기 시작했다. 그리고 이에 따라 튀니지의 카이로우안, 이집트의 카이로, 중앙아시아의 부하라 등도 두 왕조의 수도인 바그다드와 코르도바에 못지않은 수준까지 문화가 성장하면서 문화의 중심지가 두 수도로 국한되지 않게 되었다.

아랍 이슬람 국가가 고대 그리스·로마의 문화를 계승한 데는 아랍군의 진군에 적극적으로 내응했던 유대인과 네스토리우스파 크리스트교도의 역할이 컸던 것으로 생각된다. 그때까지 이교도로 박해받았던 그들에게, 인두세만 내면 생명과 재산, 신앙의 자유를 보장해 주는 아랍군은 해방군으로 보였을 것이 틀림없기 때문이다. 또한 아라비아어 번역을 담당했던 인재의 대부분이 유대인과 네스토리우스파 크리스트교도였다는 사실을 고려하면 그들이 더 나은 처우를 기대하며 그리스어 문헌의 번역을 제의했다고도 생각할 수 있다.

패주하는 비잔티움 제국군에게 책을 이송할 여유가 있었다고는 생각하기 어려우므로 알렉산드리아 등에 방치된 방대한 수의 서적은 전부 아랍 이슬람군이 접수했다고 봐도 무방하다.

처음에는 학문을 좋아하는 지방 관리가 사비를 들여서 사람들을 고용해 번역을 시작했을지도 모른다. 과연 그들이 피정복자의 학문, 그것도 이교도의 학문을 거부감 없이 흡수하려 했겠느냐고 의문스럽게 생각하는 이도 있겠지만, 의욕이 왕성한 신흥 세력이 다른 문화에 관용적이라는 것은 역사가 증명하는 사실이다. 적어도 11세기경까지의 이슬람 세계에는 우수하다고 판단한 것은 탐욕스럽게 흡수하는 관습이 있었다. '그리스의 의학과 철학은 정말 대단해', '한 명이라도 더 많은 아랍인이 읽을 수 있도록 최대한 많은 문헌을 아라비아어와 시리아어로 번역하자' 같은 분위기가 고조되었던 것인지, 아바스 왕조 시대에는 개인의 차원이 아니라 국가사업으로서 문헌의 번역이 추진되었다. 참고로 시리아어는 아랍계 크리스트교도가 사용했던 언어를 가리킨다.

아바스 왕조의 제7대 칼리파인 알마으문(재위 813년~833년)은 새로운 수도인 바그다드에 그리스의 철학·과학 문헌을 수집·연구하고 그것을 아라비아어와 시리아어로 번역하는 것이 주된 목적인 거대 문화 시설 '바이트 알 히크마(지혜의 집)'를 건설했다. 또한 1005년에는 파티마 왕조가 지배하는 이집트의 카이로에도 명칭과 목적이 같은 시설이 만들어졌다. 이런 경위에서 그리스어 사본은 소실되었지만 아라비아어 사본은 전해지는 서적이 다수 생겨난 것이다.

의학 교육 입문서 《의학 문답집》을 편찬한 후나인 이븐 이스하크

"아랍의 의학은 번역으로 시작되었다"라고 말해도 과언은 아니다. 수

많은 번역자의 이름이 오늘날까지 전해지고 있지만, 처음으로 두드러진 공적을 남긴 인물은 후나인 이븐 이스하크(809년~873년)다. 그는 요하니티우스라는 라틴어 이름을 가진 네스토리우스파 크리스트교도로, 번역의 달인이라 불리며 바그다드의 '지혜의 집'에서 번역의 총지휘를 맡았을 정도의 인재였다. 그는 히포크라테스와 디오스코리데스, 갈레노스 등의 저작물을 다수 번역했는데, 그중에는 이전에 다른 사람이 손댔지만 번역의 수준이 떨어졌던 결과물을 대폭 수정한 것도, 완전히 새롭게 번역한 것도 있었다. 게다가 플라톤과 아리스토텔레스의 저작물도 번역했다고 하니, 아들인 이스하크 이븐 후나인이나 조카인 후바이슈 이븐 알하신 등 우수한 협력자가 있었다고는 하지만 엄청난 작업량이다.

프로 번역가라면 직역으로 끝내지 않고 읽는 사람이 올바르게 이해할 수 있는 말로 옮겨야 한다. 해당하는 말이 없으면 새로운 어휘를 만들어 내야 하는 경우도 있으므로 책임도 중대하다.

이스하크의 가장 큰 업적은 여기저기에 흩어져 있었던 갈레노스의 저작물 중 의학 일반, 자연학, 해부학, 생리학, 질환학, 징후학, 치유학에 관한 저작물을 매우 간결하게 집약한 것이라고 할 수 있다. 특히 《해부 수기》의 경우, 그리스어 원전은 전 15권 중 제9권의 후반 이후 부분이 소실되었기 때문에 이스하크의 번역서에서 시작된 사본에 의지하고 있다.

이스하크의 또 다른 공적으로는 《알렉산드리아 집성》을 근간으로 삼은 의학 교육 입문서 《의학 문답집》을 들 수 있다. 이 책은 아랍 이슬람 세계에서 널리 사용되었을 뿐만 아니라 훗날 그 일부가 라틴어로 번역되어 살레르노 의학교(81쪽)에서 편찬한 의학 교재집 《아르티셀라》의 핵심적인 부분이 된다. 살레르노 의학교는 의학 이론과 의학 실지(實地)를 두 축으로 삼는 의학 교육을 처음 시작한 학교로, 그 교육 내용은 졸업생들을 통해 유럽 전역으로 전해졌다.

고전 의학의 집대성 《의학전범》을 쓴 이븐 시나

이스하크에 이어서 등장한 위대한 번역가는 무함마드 이븐 자카리야 알라지(865년경~925년/932년설도 있음)로, 라틴어 이름은 라제스다. 장편 113편에 단편 28편을 썼다고 전해지며, 가장 유명한 저작물은 자신이 태어난 지역의 지사를 위해서 쓴 《알만수르의 책》이다. 이것은 해부학과 생리학, 약제학, 건강학, 화장품, 여행자를 위한 처방, 외과, 중독, 질환과 그 치료, 열병의 10서로 구성되어 있다. 그중에서도 머리부터 발까지의 질환을 부위별로 다룬 제9서는 12세기에 라틴어 번역본이 출판되어 매우 널리 사용되었다.

알라지의 또 다른 대표작인 《의학체계》는 그리스·로마뿐만 아니라 인도와 시리아의 책에 나오는 병이나 치료에 관한 문장을 발췌하고 여기에 자신의 증례 관찰 기록을 추가한 문헌이다. 이것은 그가 죽은 뒤에 세상에 알려졌다.

또한 알라지는 홍역과 천연두가 별개의 병임을 명확히 한 인물이기도 하다. 그러나 이에 관해 언급한 책의 라틴어 번역본이 늦게 간행된 탓에 서유럽의 의사들은 이븐 시나(980년~1037년)가 쓴 《의학전범》을 통해 그 사실을 알게 되었다.

《의학전범》을 쓴 이븐 시나는 아랍 이슬람 세계가 낳은 최고의 의사로 꼽기에 손색이 없는 인물로, '학문의 두목'이라고 불리기도 했다. 라틴어 이름이 아비센나인 그는 중앙아시아의 부하라에서 태어나 이란의 하마단에서 세상을 떠났다. 이란에는 국왕이나 장군뿐만 아니라 문화적인 영웅도 크게 찬양하는 전통이 있기 때문에, 현재도 하마단에 있는 그의 무덤에는 행락을 겸해서 방문하는 사람들의 발길이 끊이지 않는다.

이븐 시나가 그렇게까지 찬양받는 이유는 그가 쓴 《의학전범》이 아라비아 의학의 최고봉으로 평가받기 때문이다. 전 5권으로 구성된 이 책은 내용이 매우 잘 정리되어 있다. 제1권에는 총론과 의학 이론, 제2권에는 단순 의약, 제3권에는 각 부위의 질환, 제4권에는 전신성 질환, 제5권에는 복합약의 처방과 해독제에 관해 자세히 해설되어 있어서, 환자의 증상으로 미루어 봤을 때 읽어야 할 항목을 금방 찾아낼 수 있다. 고대 그리스에서 유래한 의학 이론을 체계적으로 정리하고 여기에 임상적인 지식을 추가해 집대성한 종합적인 의학서였다.

《의학전범》은 이윽고 의학의 기본이 되는 책으로서 아랍 이슬람 세계뿐만 아니라 서유럽에서도 라틴어로 번역되어 13세기부터 17세기까지 의학 교재로 널리 사용되었다. 서유럽의 경우 18세기 이후 고전의 위치로 밀려남에 따라 교재로 사용되는 일이 없어졌지만, 이슬람 세계에서는 아직도 현역으로 활약하고 있다.

《의학전범》에 기반을 둔 전통 의학을 유나니 의학이라고 부른다. 유나니 의학은 중국 의학, 인도의 전통 의학(아유르베다)과 함께 세계 3대 전통 의학으로 꼽힌다. 참고로 '유나니'라는 명칭은 '그리스의(이오니아의)'라는 의미의 아라비아어 혹은 페르시아어에서 유래했다. 파키스탄과 인도에서는 정부로부터 정식 의학으로 인정받았고, 이슬람 세계의 다른 지역에서도 민간 의료로서 명맥을 유지하고 있으며, 유나니 의학을 가르치는 학교도 아직 존재한다.

십자군이 가져온 한센병과 천연두

의학을 포함한 고대 그리스·로마의 학문이 중동의 이슬람 세계에 잘 보존되어 있으며 그것도 상당히 알기 쉽게 정리되어 있다는 사실이 밝혀진 것은, 십자군 운동이 시작되고 어느 정도 시간이 흐른 뒤였다.

십자군 운동이란 교황의 부름 아래 이교도로부터 성지 예루살렘을 탈환함으로써 누구나 안심하고 순례를 갈 수 있게 만들려 했던 운동이다. 당시, 무장하지 않은 민중은 아무리 잔뜩 무리를 지어서 순례를 간다고 한들 허무하게 목숨을 잃을 뿐이었다. 왕후 귀족의 참가 없이는 아나톨리아를 통과하기도 불가능했다.

11세기 말, 제1차 십자군이 예루살렘을 점령했다. 이를 통해 예루살렘 왕국을 비롯한 십자군 국가들이 만들어졌고, 이들은 13세기 말에 멸망할 때까지 이슬람 세력과 공방을 거듭했다.

분명히 말하건대, 당시 서유럽 가톨릭 세계의 사람들은 '우물 안 개구리'였다. 이교도와 직접 접촉하는 것도 처음이었고, 가톨릭 이외의 크리스트교도와 접촉하는 것도 처음이었다. 그리고 이런 미지와의 조우는 그때까지 경험하지 못했거나 거의 잊고 있었던 병을 서유럽에 전파하는 결과로 이어졌다. 그 대표적인 사례가 한센병과 천연두다. 고대 로마 시대의 기록에 보이는 '상피병'이 한센병이었을 가능성도 있기는 하지만, 정보가 한정적인 탓에 뭐라고 명확히 말할 수가 없다.

십자군 시대에는 한센병의 감염 경로도 밝혀지지 않았고 치료법도 없었기 때문에 감염자를 격리하는 수밖에 없었다. 그런데 문제는 왕후 귀족의 당주가 감염되었을 경우 그럴 수도 없었다는 것이다. 예루살렘 왕국의 왕인 보두앵 4세(1161년~1185년)는 한센병에 걸렸지만 격리도 퇴위도 당하지 않았다.

천연두의 경우는 지역마다 차이가 컸던 듯하다. 훗날 중남아메리카나 오세아니아에 전파되었을 때는 그곳의 인구가 격감될 정도였지만, 서유럽에서는 유행은 하면서도 치유되면 마맛자국이 남는 것이 걱정스러울 뿐 그다지 심각한 위협은 되지 않았다. 상당히 이후의 이야기이지만, 잉글랜드의 엘리자베스 1세(1533년~1603년)가 항상 얼굴을 하얗게 칠했던 것은 마맛자국을 감추기 위해서였다고 전해진다.

반대로 서유럽에서 아랍 세계로 전해진 병에 관한 기록은 전혀 없다. 다만 현지의 주민들에게는 이교도라고 판단하면 무차별적으로 죽이려 하는 유럽의 기사들이 가장 큰 역병이었는지도 모른다.

고전 의서를 아라비아어에서 라틴어로 다시 번역하다

서유럽 가톨릭 세계는 이슬람 세계에서 전파된 미지의 병에 골머리를 앓았지만, 의서를 포함한 학문 분야에서는 큰 소득도 있었다. 고대 그리스·로마의 재발견이 진행되었던 것이다. 서유럽에서는 이제 저자명과 제목만이 전해질 뿐이었던 저작물을 아랍 이슬람 세계에서는 얼마든지 구할 수 있었기에, 교양 있는 수도사들은 지적 호기심을 억누르지 못하고 그리스어는 물론 아라비아어나 시리아어로 쓰인 문헌까지 닥치는 대로 수집해 라틴어로 번역하는 작업에 한동안 몰두했다.

번역 작업의 메카가 된 곳은 이베리아반도의 카탈루냐와 톨레도, 팔레르모를 중심으로 한 시칠리아섬, 이탈리아반도의 항구 도시 등 다른 문화와의 교류에 익숙한 곳이었다. 카탈루냐는 로마인, 서고트인, 아랍인, 프랑크인의 지배를 거쳐 12세기에는 아라곤 왕국에 통합됐지만, 지배자가 바뀔 때마다 주민이 물갈이되었던 것은 아니었기에 문화가 뒤섞이는 경험을 수없이 했다.

8세기 이후 이슬람 세력의 지배를 받았던 톨레도는 가톨릭의 레콩키스타(국토 회복 운동)가 시작되고 비교적 이른 시기인 1085년에 카스티야 왕국이 탈환한 뒤로 역대 대주교의 보호 아래 학술 도시로 번성했다. 이곳에서는 유대인이나 콘베르소(유대교에서 크리스트교로 개종한 사람), 모사라베(이슬람의 통치하에서도 개종하지 않았던 크리스트교도) 등의 협력을 얻을 수 있었기에 번역 작업이 원활하게 진행되었는데, 번역의 대상은 철학과 신학에서 자연과학까지 매우 광범위했다.

시칠리아는 그리스인, 카르타고인, 로마인, 동고트인, 비잔티움인, 아랍인, 독일인을 거쳐 11세기 말부터는 노르만인의 지배를 받는 등 당시의 유럽에서도 가장 다양성이 풍부했던 지역으로, 번역 작업을 하기에 최적의 환경이었으며 인재도 충분했다.

이탈리아의 항구 도시 중에서는 베네치아와 피사가 큰 역할을 담당했다. 이들 지역에서 시행된 일련의 작업은 12세기에 집중되어 있었던 까닭에 훗날의 이탈리아 르네상스에 빗대 '12세기 르네상스'로 불린다.

고대 그리스·로마 시대의 의학이 이슬람 세계에서 보존되다 십자군 시대에 돌아온 것은 서유럽 가톨릭 세계에 행운이었다고 말할 수 있다. 다만 역병이라는 골치 아픈 덤이 따라온 것은 불운이었다.

살레르노 의학교와 도시 국가

문화의 교차로에 전업 의사의 육성 거점이 탄생하다

전업 의사가 존재하지 않았던 중세의 유럽

이슬람 세계에서 재발견되기 전까지 고대 그리스·로마 시대에서 유래한 전통 의학이 서유럽에서 완전히 명맥이 끊겨 있었던 것은 아니다. 수도원이나 교회에서 근근이 계승되고는 있었다.

고대 말기부터 중세 초기의 서유럽에서는 도시의 규모가 축소된 탓에 의료를 실천하는 종교인이 아닌 의사들이 계속 감소해 갔다. 이 시대에는 왕후 귀족의 시의에 해당하는 존재조차도 찾아볼 수가 없었다. 궁전에 상주하는 전문직으로서는 존재하지 않았던 것이리라.

근대의 영국 귀족을 묘사한 영화를 보면, 귀족의 저택에는 반드시 집사와 종자가 있다. 집사가 저택 내 피고용인들의 총괄 등 가정 전반을 책임지는 사람이라면, 종자는 전속 시중 담당으로 옷 갈아입는 것을 돕고 외출 시 짐을 드는 등 폭넓은 일을 했다. 이런 종자의 존재는 중세 기사의 전성기부터 연면히 계승되었다. 중세 기사의 갑주는 굉장히 무거워서 말을 타고 내릴 때나 갑주를 입고 벗을 때 도와줄 사람이 필요했다. 그래서 전속 종자가 필요했던 것인데, 종자의 역할은 여기에 그치지 않았다. 당주와 둘이서 여행을 하거나 전쟁에서 패해 둘만 남았을 경우 종자는 식량의 조달부터 통역, 상처의 응급 처치, 병의 치료에 이르기까지 무엇이든 다 해낼 수 있는 만능 재주꾼이어야 했다.

다만 아무리 응급 처치나 치료라고 해도 부모에게 배운 것 이상은 알 도리가 없었다. 당시는 재력이나 신분과 상관없이 단순한 부상이나 병은 주변의 인간관계를 통해 어떻게든 해결하는 것이 당연시되었다. 가정 내의 연장자가 도움이 되지 못하면 인근에 사는 사람들, 나아가서는 이웃 마을에서 도움을 줄 사람을 찾아 해결했다.

가정 내 해결이 불가능할 때 의지할 수 있는 곳은 수도원

가정이나 공동체 내에서 해결할 수 없는 경우에는 수도원에 의지했다. 당일치기로 갔다 올 수 있는 범위에 수도원이 몇 개씩 있지는 않기 때문에 어떤 수도원이든 상당히 바빴을 것이다.

픽션이기도 하고 시대도 좀 더 이후이지만, 이런 사정에 관해서는 12세기 전반의 잉글랜드를 무대로 한 엘리스 피터스의 연작 추리 역사 소설《수도사 캐드펠》 시리즈가 참고가 된다. 번역서(북하우스)도 있고 텔레비전 드라마로 제작되기도 했으니 흥미가 있는 사람은 보기 바란다.

수도원에서 실천된 의학의 수준을 알 수 있는 단서로는 12세기 독일의 수녀 힐데가르트 폰 빙엔(1098년~1179년)이 쓴 책이 있다. 힐데가르트가 쓴 의학서《피조물의 종(種)들의 섬세하고 교묘한 본성에 관한 책》은 베껴 쓰는 과정에서 2부로 나뉘었는데, 제1부인《단순 의학의 책》은 자연계에서 약으로 유용하게 쓸 수 있는 것을 모은 내용이다. 또한 제2부인《복합 의약의 책》, 통칭《병의 원인과 치료》는 '우주와 원소', '인간의 본성과 병의 원인', '치료법', '생과 사의 징후', '월경과 기질'의 5장으로 구성되어 있다. 이 책의 내용은 신에 대한 신앙이 도처에서 나타나는 당시 특유의 제약이 있기는 하지만 체액의 균형을 중시하는 병리학, 식이와 양생법을 중심으로 한 치료, 식물학을 중심으로 한 의약 등 갈레노스를 비롯한 고대부터 이어져 내려온 전통적인 의학에 바탕을 두었다.

다만 그렇다고 해도 실제로 할 수 있는 치료나 처방할 수 있는 약은 가정이나 지역의 아마추어적인 의료와 큰 차이가 없는 것 또한 사실이었다. 고전 의학은 본래 그런 수준이었다. 그래도 사람들이 수도원을 의지했던 이유는 수도사가 신을 섬기는 몸이며 읽고 쓸 줄 아는 집단이었기 때문일 것이다. 문맹률이 높은 사회에서는 읽고 쓸 줄 아는 것만으로도 존경받는다. 경험이 없더라도 책을 읽고 조사할 수 있기에, 의료 활동에도 종사하는 수도사들은 읽고 쓸 줄 모르는 사람들이 봤을 때 다른 차원의 존재였다.

설령 목숨을 건지지는 못하더라도, 수도사가 최선을 다해 줬거나 사실과는 다르더라도 그럴듯한 설명을 해 주면 사람들은 마음을 정리할 수 있었을 것이다. 이처럼 사람들에게 안심과 위안을 주는 것이야말로 수도원 의료의 가장 큰 특색이었는지도 모른다.

장서를 베껴 쓰는 것도 수행의 일환이었다

고대 그리스·로마 시대의 의서를 어느 정도 보유하고 있었던 것 또한 수도원이 의료 행위를 담당하는 데 커다란 강점이 되었다. 앞에서도 이야기했듯이, 게르만 민족 유입 후의 난세 속에서 도서관이나 부자들의 서고가 소실되는 가운데 수도원과 교회는 책이 보관된 거의 유일한 장소가 되어 갔다. 개중에는 남이탈리아의 비바리움 수도원처럼 훌륭한 도서관과 필사실(스크립토리움)을 갖춘 곳도 적지 않았다. 요컨대 로마 그리고 로마 문화를 받아들인 켈트인·게르만인과의 융합이 진전된 7세기 이후에도 많은 수도원에서 히포크라테스와 갈레노스, 디오스코리데스 등이 쓴 고대 그리스·로마의 저작물을 베껴 쓰는 작업이 진행되었으며, 수도사들은 필요할 경우 옛 문헌에 의지해 의료 행위와 약 처방, 약초 재배 등을 했다.

교회가 포교의 거점이자 사람들이 모이는 장소인 데 비해 수도원은 기도와 수행을 하는 곳이다. '서유럽 수도원 제도의 아버지'로 불리며 1964년에는 교황청에서 '유럽의 수호성인'으로 인정받은 이탈리아 중부 누르시아(노르차) 출신의 수도사 베네딕토는 529년에 이탈리아 중부의 몬테카시노에 수도원을 창설했다. 이는 훗날의 수도원의 모범이 되었다.

이 몬테카시노 수도원에는 73장으로 구성된 계율이 있었다. "기도하라, 그리고 일하라"라는 모토에 걸맞게 여름에는 기상 시간인 오전 2시 반부터 취침 시간인 오후 8시 반까지, 겨울에는 오전 2시부터 오후 6시 반까지 조금의 빈틈도 없이 빽빽하게 하루의 시간표가 정해져 있었다. 그런데 이 시간표에는 '손의 노동'이라는 익숙하지 않은 표현이 등장한다. 여름의 시간표에서는 오전 5시 반부터 7시 반까지, 오전 8시부터 9시까지, 오후 4시 반부터 7시까지, 겨울의 시간표에서는 오전 7시부터 정오까지, 오후 12시 반부터 3시까지가 '손의 노동'을 하는 시간으로 정해져 있었다. 이 '손의 노동'은 범위가 매우 넓어서, 농작업이나 포도주 제조는 물론이고 장서의 필사 활동도 포함되었던 것으로 여겨진다.

물론 단순히 시간표에 있으니까 필사 작업을 했던 게 전부는 아니었을 것이다. 병자나 부상을 입은 사람이 도움을 청했을 때 거부하지 않고 최선을 다하는 것이 신앙의 길을 걷는 자의 책무다. 필요에 쫓겨서 의서를 읽는 사이에 병과 증상의 명칭, 치료법, 약의 처방, 약초의 재배처럼 실용적이고 열람 횟수도 많은 항목은 따로 옮겨 적어 놓는 편이 낫겠다고 생각하게 된 것이 아닐까? 그리고 이런 일이 거듭되면서 수도원이 고대 그리스·로마의 의료를 계승하고 실천하는 장소도 되었던 것이리라.

한편 교회도 소장한 책의 양에서는 수도원에 밀리지 않았다. 그리고 병이나 부상으로 신음하는 사람들은 교회도 찾아갔다. 성인의 유해가 매장되어 있거나 유품을 소장하고 있는 교회는 특히 인기가 많았으며, 그곳에서도 의료 활동이 시행되었다. 다만 교회는 본래 포교를 하는 곳인 만큼 수도원과는 대응이 달라서, 병자에게 "인간의 죄가 병을 불러오는 것입니다"라고 말하기를 잊지 않았다. 건강을 해치는 생활을 했거나 몸을 혹사시켰다는 등의 자각이 있었던 사람은 그렇다 쳐도, 짚이는 점이 하나도 없었던 사람은 과연 그 말을 어떻게 받아들였을까?

경제력과 의사와 국제성이 의학교 탄생의 조건

서유럽에서 의료가 수도사의 손을 떠나고 전업 의사가 보기 드문 존재가 아니게 되기까지는 상당한 세월이 걸렸다. 수도원을 통하지 않고 의사를 육성하는 것은 그만큼 어려운 일이었다.

앞에서도 이야기했듯이, 고대 로마 제국이 건설했던 사회는 게르만 민족의 대이동을 계기로 붕괴되었다. 정착 생활을 시작한 게르만 민족은 대이동을 개시하기 전과 똑같이 분할 상속제로 복귀했는데, 이것은 새로운 질서를 구축하는 데 마이너스로 작용했다. 상속을 할 때마다 자신의 몫을 둘러싸고 다툼이 벌어졌기 때문이다. 서유럽 사회는 10세기경이 되어서야 질서의 재편을 마치고 안정을 되찾을 수 있었다.

그보다 조금 전인 800년에는 '카롤루스의 대관식'이라는 사건도 일어났다. 프랑크 왕국의 왕인 카롤루스 1세는 랑고바르드족을 토벌하고 교황을 해방한 보답으로 서로마 황제의 왕관을 받았는데, 이 건으로 이득을 본 것은 교황뿐이었다. 교황은 비잔티움 황제의 후원을 받는 콘스탄티노폴리스 교회에 대항하기 위해 자신의 관할 내에 독자적인 황제를 부활시킬 필요가 있었다. 한편 카롤루스 1세의 경우, 영토가 이탈리아반도까지 확대되었다는 점을 빼면 실리는 거의 없었다. 황제라는 직함은 몸을 장식하는 호화로운 액세서리 같은 것에 불과했다. 카롤루스 1세가 세상을 떠나자 그 영토는 분할 상속되었고, 이에 따라 프랑스와 독일, 이탈리아의 원형이 갖춰지면서 서유럽 사회도 서서히 안정을 되찾아 갔다.

게르만 국가가 잇달아 탄생할 무렵, 정복자인 게르만 민족과 피정복자인 로마인·갈로로마인의 인구비는 1 대 10 정도였다. 본래 언어도 신앙도 생활 습관도 다른 이민족들이 혼란스러운 상태에서 수백

년 동안 함께 생활한 끝에, 10세기경에는 대이동 전에 자신들이 누구였는지 거의 잊고 새로운 관습법을 정비해 갔다. 이와 같은 사회의 안정은 경제력의 향상으로도 이어졌는데, 이것이 의학교 탄생의 첫 번째 요건이었다고 할 수 있다.

두 번째 요건은 의서의 존재다. 히포크라테스와 갈레노스를 비롯한 고대 그리스·로마 시대의 의서가 존재하는가 아닌가로, 의서가 있는 것과 없는 것은 하늘과 땅 차이이다.

세 번째 요건은 다른 문화와의 교류 여부로, 아라비아어 저작물을 라틴어로 번역할 수 있는 환경인가 아닌가가 운명의 갈림길이 되었다.

이상의 세 가지 요건을 모두 충족한 지역은 전업 의사를 육성하기에 가장 적합한 곳인데, 세계에서 가장 오래된 의학교의 탄생지라는 영광을 차지한 곳은 이탈리아반도 남부의 작은 도시 살레르노였다. 이 의학교는 도시의 이름을 따서 살레르노 의학교로 불린다.

국제적인 색채가 강한 인기 휴양지였던 살레르노

살레르노는 이탈리아반도 남부의 최대 도시인 나폴리에서 남동쪽으로 50km 정도 떨어진 곳에 자리한 도시로, 티레니아해와 이어진 살레르노만에 있다. 로마 시대부터 나폴리와 함께 인기 휴양지였다.

현재의 나폴리는 로마와 밀라노에 이은 이탈리아 제3의 도시이지만, 11세기에는 살레르노가 더 번성한 도시였다. 밀라노와 살레르노의 처지가 역전된 것은 노르만인이 세운 시칠리아 왕국이 이탈리아반도의 남부 전역을 평정한 1140년 이후다. 그전까지는 살레르노가 이탈리아 최대의 도시였으며, 지배자가 바뀌는 상황 속에서도 요양을 위해 찾아오는 사람들의 발길이 오랫동안 끊이지 않았다.

요양지이기에 병의 요양을 위해서 온 사람도 적지 않았을 뿐만 아니라 처음 보는 증상을 만났을 때 참조하는 등 지속적인 의료 활동에 반드시 필요한 고대의 저작물도 어느 정도 계승되어 있었다. 또한 해로를 통해서 쉽게 드나들 수 있는 까닭에 해상 교통의 요충지로서도 번성했다.

이 일대의 지배자는 서로마 제국에서 게르만의 용병 대장, 동고트 왕국, 비잔티움 제국, 랑고바르드 왕국, 프랑크 왕국, 랑고바르드계의 살레르노 후국을 거쳐 1076년에 노르만인인 로베르투스 귀스카르두스로 교체되었다. 노르만인은 북유럽 바이킹의 후예로, 데인인이라고 불린 집단 중에서 프랑스 북서부의 영국 해협과 인접한 지역(노르망디)에 정착한 사람들을 가리킨다. 그들이 '북쪽 사람'을 의미하는 노르만인으로 명명된 것이다. 그곳이 인구 포화 상태가 되자 1066년에 노르망디공 윌리엄의 요청으로 잉글랜드 침공에 참여하는 자가 다수 나타났다. 또한 이와 별개로 용병 일자리가 있다고 해서 이베리아반도를 우회해 멀리 이탈리아 남부까지 이동한 집단도 있었는데, 귀스카르두스도 그중 한 명이었다.

귀스카르두스와 프랑크 왕국의 종교는 가톨릭이었지만 비잔티움 제국의 종교는 그리스 정교, 동고트와 랑고바르드의 종교는 아리우스파였다. 아랍 이슬람 세력도 살레르노까지는 도달하지 못했지만 시칠리아섬에서 이탈리아 남부의 일부 지역에는 진출한 시기가 있었다. 또한 어떤 시대에든 유대인의 왕래는 끊이지 않았다. 이처럼 살레르노뿐만 아니라 이탈리아 남부 전체가 국제적인 색채가 강하고 다양성이 풍부한 지역이었다.

지배자가 바뀌더라도 이전 시대의 문화를 완전히 부정하지는 않으며, 좋다고 판단한 것은 공통의 재산으로서 계승한다. 외부에서 온 것도 좋다고 판단하면 어디에서 온 것이든 상관하지 않고 받아들인다. 이처럼 다른 문화와의 교류가 일상적이었기에 살레르노에서 선구적인 움직임이 나타날 수 있었던 것이리라.

살레르노 의학교에 관해서는 각기 출신이 다른 의사 네 명이 설립했다는 참으로 살레르노에 걸맞은 전승이 있지만, 아쉽게도 어디까지나 전설일 뿐이다. 실제로 어떻게 설립되었는지는 알 수 없지만, 10세기 후반에 개인적으로 도제를 가르치던 의사들의 느슨한 공동체가 생겼던 것만큼은 분명하다. 초기의 대학교도 그랬지만, '살레르노 의학교'는 특정한 학교 건물이 아니라 공동체 전체를 나타내는 명칭이었다.

우수한 의학 교재가 속속 등장하다

의사를 육성하는 데에 편리한 교재가 있다면 더할 나위가 없을 것이다. 11세기 전반, 살레르노에서는 필요한 내용을 선별해 저작물로 정리하는 사람들이 등장했다. 이들 중 이름이 알려진 사람은 몇 명뿐인데, 그중 한 명은 《수난록》이라는 책을 쓴 가리오폰투스(1035년경~1050년경에 활약)다. 책 제목은 '병이라는 재난을 당한 기록'이라는 의미를 담아서 붙였을 것이다.

이 책은 고대의 문헌을 바탕으로 머리끝부터 발끝까지 각 부위의 국소적인 질환과 전신성 열병에 관해 원인, 진단, 치료, 예후를 각각 기록한 것이다. 이것이 그 후에 속속 등장하는 임상 의학서의 효시로 알려져 있다. 임상 의학서는 문자 그대로 의사를 위한 매뉴얼이다.

가리오폰투스와 같은 시기에 활약했던 페트로켈루스(1035년~1050년경에 활약)도 《실천》이라는 저작물을 남겼다. 또한 살레르노 대주교를 역임한 알파누스 1세는 4세기에 네메시우스가 쓴 《인간의 성질에 관하여》 등 다수의 고대 그리스어 문헌을 라틴어로 번역했다.

11세기 후반에 활약한 콘스탄티누스 아프리카누스는 다수의 저작물을 아라비아어에서 라틴어로 번역했다. 그중에는 그리스어 사본이 소실된 지 오래였던 저작물이나 아라비아어로 새롭게 편찬된 저작물도 포함되어 있었다. 아프리카누스의 번역은 유럽에서 소실되었던 고대의 의학을 아랍 이슬람 세계에서 재발견해 유럽에 전파하는 중개 작업이었다고도 말할 수 있다.

그 이름에서 짐작할 수 있듯이, 아프리카누스는 아프리카 출신이다. 카르타고에서 태어난 상인으로, 유럽에 의학서가 부족하다는 사실을 알고 살레르노에 다수의 아라비아어 의학서를 가져왔다. 그리고 살레르노에서 알게 된 대주교 알파누스 1세의 추천으로 몬테카시노 수도원에 들어가 의학서의 라틴어 번역에 종사했다.

아프리카누스는 어째서인지 《전의술》이라는 저작물에 관해서만은 원저자가 누구인지 표시하지 않았는데, 이 책의 원전은 이란의 알리 이븐 알아바스(라틴어 이름은 할리 아바스)가 쓴 포괄적인 의학서 《의술의 거울》임이 밝혀졌다.

관여한 인물의 이름은 전해지지 않지만, 《아르티셀라》라는 의학 교재집이 편찬된 것도 같은 시기다. 이 책은 다음의 의서 7편의 내용을 중심으로 편찬되었다.

- 아라비아의 후나인 이븐 이스하크가 쓴 《요하니티우스의 의학 입문》
- 비잔티움 제국의 필라르투스가 쓴 《맥박에 관하여》
- 비잔티움 제국의 테오필루스 프로토스파타리우스가 쓴 《오줌에 관하여》
- 히포크라테스가 쓴 《잠언》, 《예후》, 《급성병의 치료》
- 갈레노스가 쓴 《의술》

이 가운데 《요하니티우스의 의학 입문》은 후나인 이븐 이스하크가 편찬한 《의학 문답집》(66쪽)의 일부를 라틴어로 번역한 것에 붙은 제목이다.

이 저작물은 서유럽 전역에서 널리 이용된다. 그때까지도 히포크라테스나 갈레노스의 의료가 전혀 계승되지 않았던 것은 아니지만 이론적으로 체계화되어 있지 않은 탓에 의료 현장에서 제대로 응용되지 못하고 있었는데, 일련의 번역 덕분에 드디어 빛을 보게 된 것이다.

도시의 성장을 배경으로 고등 교육이 발전하다

전승되어 온 의학에 한동안 소실되어 있었던 의학의 복원과 아라비아 의학의 도입. 이들 요소가 조합된 결과 살레르노에서 최초의 의학교가 설립될 수 있었다. 그리고 이곳에서 우수한 의사가 배출되자 당연하게도 인기가 높아졌다. 수도원에서 금욕 생활을 경험하지 않고도 의학을 배울 수 있다는 점이 매력적으로 느껴졌을 가능성도 있다. 의학교의 인기는 나날이 높아졌고, 유럽 곳곳에서 의학을 배우러 살레르노를 찾아오는 사람이 늘어났다.

아라비아어 저작물의 라틴어 번역은 이탈리아 남부와 레콩키스타가 진행 중인 이베리아반도에서 14세기경까지 계속되어 의학에 커다란 영향을 끼쳤다. 고대의 지혜를 풍부하게 이용할 수 있게 된 결과 의학 이론이 충실해졌고, 의학과 자연과학의 결합이 강조되어 병에 관해서 설명할 때 논리성을 더욱 중시하게 되었다.

유럽에서 가장 오래된 대학교는 이탈리아 북부의 볼로냐 대학교라는 설도 있고 프랑스의 파리 대학교라는 설도 있다. 양쪽 모두 처음에는 특정한 학교 건물 없이 연구와 교육을 목적으로 한 교사와 학생의 동업 조합으로 시작되었다. 살레르노 의학교도 이와 비슷해서, 처음에는 도제를 둔 의사들의 조합으로 구성된 매우 느슨한 집합체였다. 그리고 이런 조합이 탄생한 배경으로는 생산력의 향상과 도시의 성장을 들 수 있다. 기온의 상승과 농기구의 개량 같은 복합적인 요인으로 생산력이 향상되고 교역 거점 도시로 발전한 결과, 젊은이들 중 일부를 일정 기간 학업에 전념시키더라도 지장이 없을 정도의 경제적인 여유가 생겼다. 젊은이들로서도 읽고 쓰기나 전문 교육을 받으면 사회적 지위의 상승을 기대할 수 있기에 교육에 대한 수요가 높아졌다. 이렇게 해서 인구가 많고 경제력도 있는 도시에 고등 교육 기관이 정착하게 되었다.

"경제력의 독립 없이는 학문의 독립도 없다."

이것은 준텐도 대학교의 어느 교수가 한 말인데, 현재는 물론이고 중세 유럽도 같은 상황이었던 것이다.

단순한 번역에서
좀 더 고도의 작업으로 전환되다

11세기 말엽부터 살레르노의 의학은 다음 단계에 접어들었다. 번역 작업은 계속되었지만, 이와 병행해서 의학 교재집《아르티셀라》에 주석 달기, 개별적인 질환을 다루는 임상 의학서의 저술, 돼지의 해부 등이 활발히 진행되었다.

살레르노 의학교에서 어떤 수업을 했는지는 알려지지 않았지만, 조금 뒤에 생긴 중세 대학교와 차이가 없다면 교재의 강독과 토론이 중심이었을 것으로 생각된다. 참고로, 강독은 독서와 다르다. 내용을 읽으면서 깊게 이해하는 것이기에 반드시 교사가 있어야 했다. 고대의 저작물은 내용이 난해하거나 지나치게 간결한 탓에 단순히 읽고 쓸 줄만 아는 사람이 혼자 읽으면서 의미를 이해하기란 불가능했다. 그래서 교재를 읽어 나가는 가운데 교사가 해설을 덧붙였는데, 이때 학생이 의견이나 이론을 제기해 토론으로 발전하기도 했다. 이런 상황을 반영해 주석의 충실화를 꾀한 것으로 생각된다. 로제리오 프루가르도가《외과학》을 쓴 시기도 이 무렵이다. 돼지의 해부를 거듭한 결과 내장의 종류나 위치 등 인체의 구조에 관해서도 상상할 수 있게 되었을 것이다.

시간이 조금 더 흐르자 서서히 외과 수술이 주목받게 되었고, 내과와 외과의 구분이 명확해져 갔다. 당시의 의학 교육의 목적은 인체의 해명이 아니라 의학 이론을 마스터하는 것이었다. 그러나 의사를 지망하는 학생들 중에는 이론에 서툰 사람도 있었다. 그런 학생이 학식의 측면에서 더 뛰어난 학생들에게 대항하려면 결과를 내는 수밖에 없는데, 가장 좋은 방법은 성공인지 실패인지 결과가 비교적 명확히 드러나는 외과 수술이나 시술을 하는 것이었다. 다만 외과가 본격적으로 발전한 것은 19세기에 마취와 소독이 발명된 뒤다. 중세에 외과적으로 대처가 가능했던 것은 골절이나 탈구, 염좌, 타박상, 외상의 처치 정도였다.

국가의 보증이 오히려 쇠퇴를 불렀는지도…

12~13세기에는 살레르노 의학교에서 공부한 의사들이 어딘가의 왕후 귀족의 시의가 되었다는 이야기가 종종 들리게 된다. 살레르노를 떠난 의사들이 유럽 각지에서 두드러진 활약을 한 것이다. 그러나 영광의 시기가 영원히 계속될 수는 없는 법. 대학교에서 의학부를 설치하는 움직임이 활발해져 경쟁에 노출되자 조직화가 늦어졌던 것이 치명타로 작용해 이들은 쇠퇴의 길을 걷게 되었다.

살레르노 의학교의 마지막 영광의 시기는 13세기 중엽이었다. 1231년에 신성 로마 제국의 프리드리히 2세(재위 1220년~1250년)에게 특허장을 받은 것을 계기로 학교 조직이 형성된 것이다. 그 특허장에는 "의사 후보자는 살레르노 의학교의 교사 앞에서 공개 시험을 본 뒤 왕 또는 그 대리에게 면허를 받는다"라고 적혀 있었다.

또한 1359년에는 나폴리 왕국의 여왕 조반나 1세가 "의학교에서 발행하는 증명서는 의사 면허로서 유효하다"라고 보증했다.

물론 매우 명예로운 일이었지만, 한편으로 이 두 왕명은 살레르노 의학교를 국가에 귀속된 존재로 만들어 버렸다. 이것이 자주독립의 위치에 있었던 살레르노가 활력을 잃고 쇠퇴하게 된 원인 중 하나였을 수도 있다.

또한 13세기 후반에는 《살레르노 양생훈》이라는 저작물이 등장했다. 살레르노와의 관계는 명확하지 않지만, 설령 다른 지역에서 저술되었다 하더라도 굳이 살레르노를 제목에 넣은 것에서 당시 살레르노의 권위가 어느 정도였는지 짐작할 수 있다. 이 책은 건강을 유지하기 위한 식사나 생활 습관에 관해 적은 산문집으로, 가장 초기의 것은 364편의 시를 통해 6가지 비자연적 사물을 다뤘다. 그 6가지 비자연적 사물은 공기, 음식물, 운동과 휴양, 수면과 각성, 충만과 배출, 감정으로, 명백히 그리스·로마 시대의 양생법과 거의 차이가 없었다.

의학교와 대학교 의학부가 설립된 배경에는 도시의 성장이 있었다. 그전까지의 도시는 정치 도시나 군사 도시 중 하나였지만, 중세에는 상업 도시와 학문 도시가 등장했다. 또한 그 배후에는 왕후 귀족과도 교회와도 뚜렷이 구별되는 존재인 부유한 상공업자의 대두가 있었다. 그들이 시민으로 불리는 사람들이다. 유럽 최초의 의학교는 시민의 탄생과 함께 성립되었던 것이다.

흑사병과 대항해 시대의 태동

생활 수준을 향상시키고 인도 항로를 개척한 공포의 병

동쪽에서 찾아온 감염증에 전쟁까지 중단되다

흑사병이라는 이름으로도 유명한 샘 페스트의 감염이 유럽에서 최초로 확인된 때는 1347년 여름이다. 7월에는 비잔티움 제국의 수도 콘스탄티노폴리스에서, 9월에는 시칠리아섬의 북동쪽 끝에 있는 항구도시 메시나에서 유행이 시작되어 순식간에 유럽 전역으로 확산되었다. 아무리 완전무장을 한 기사라도 병을 상대로는 이길 수 없었기 때문에 1337년에 시작된 영국과 프랑스의 백년 전쟁도 중단될 수밖에 없었다.

감염의 메커니즘은 전혀 알 수 없었지만, 발생원으로 지목된 두 지역이 전부 항구 도시였기 때문에 당연히 상선의 관여가 의심되었다. 조사 결과 시기적으로 맞았던 것은 이탈리아 북서부의 항구 도시 제노바의 상선으로, 출항지는 당시 제노바령이었던 크림반도의 도시 카파(현재의 페오도시야)였다. 흑해의 북쪽 연안에서 튀어나온 반도의 남동쪽에 위치한 항구 도시다.

흑사병은 어디에서 시작되었을까? 유라시아 대륙의 절반을 몽골 제국이 지배했던 시대이기에 그 영토 중 어딘가에 있음은 분명하지만, 단서가 부족한 탓에 오랫동안 후보지를 압축하지 못하고 있었다. 몽골 제국의 영토는 너무나도 광대했다. 몽골고원에 그치지 않고 동쪽으로는 한반도와 중국 대륙 전역, 서쪽으로는 중앙아시아에서 이란과 우크라이나까지 영토를 확장했으며, 러시아와 동유럽의 제후들도 종속시켰다. 어떤 지역의 풍토병이 다른 지역에서 유행하더라도 전혀 이상하지 않은 상황이었던 것이다.

그런데 2022년 6월 17일에 AFP 통신사에서 매우 흥미로운 기사를 발신했다. 영국의 과학지 〈네이처〉에 실린 논문에 관해 소개한 기사다. 그 기사에 따르면 논문을 발표한 연구팀의 일원이자 영국 스털링 대학교의 역사학자인 필립 슬라빈 준교수는 흑사병이 시작된 장소로 키르기스스탄 북부를 지목했다. 키르기스스탄 북부의 묘지를 조사한 결과, 유럽에서 흑사병이 대유행하기 7~8년 전에 이 지역에서 매장된 사람의 수가 급증했으며 복수의 묘비에 "역병으로 사망했다"라고 새겨져 있었음이 밝혀진 것이다.

구체적인 사인을 찾기 위해 슬라빈 준교수는 매장되어 있었던 7명의 치아에서 DNA를 채취해 전문가에게 조사를 의뢰했다. 독일 튀빙겐 대학교의 마리아 스피로우가 그 DNA를 수천 종류의 미생물 유전자와 비교했고, 그것이 페스트균과 일치함을 밝혀냈다. 참고로 스피로우는 이번 논문의 제1 저자이기도 하다.

또한 흑사병의 유행은 쥐 등의 설치류에 기생하는 벼룩을 통해 운반되는 페스트균이 갑자기 수많은 계통으로 분기되는 '빅뱅'이라 부르는 현상을 계기로 시작되었다고 여겨지고 있었다. 다만 그 구체적인 시기는 명확하지 않았는데, 이번 연구의 샘플이 분기 전의 것으로 특정되었고 주변 지역에 서식하는 설치류에서도 같은 계통의 균이 발견되었다. 그래서 논문에서는 '빅뱅'이 키르기스스탄 북부에서 발생했으며 그 시기는 흑사병이 유행하기 직전이었던 것으로 결론을 내렸다.

이것이 정설이 될지는 아직 알 수 없지만, 흑사병을 둘러싼 연구가 크게 진전되었음은 틀림이 없다.

'죽음의 무도'와 검역 등이 탄생하다

흑사병은 한곳에 오래 머무르지 않았다. 수개월 동안 맹위를 떨치다 급속히 진정되고, 다음 마을에서 유행이 시작되기를 반복했다. 어떻게 해서 감염되는지도 모르고 치료법도 알지 못했기에 의사도 성직자도 손을 쓸 방법이 없었지만, 그렇다고 아무런 대책도 없이 가만히 있을 수는 없었다. 그래서 이들은 까마귀를 본뜬 마스크를 착용하고 환자와 접촉했다. 부리 부분에 허브 등의 약초를 채우면 감염을 방지할 수 있지 않을까 기대한 것이다.

또한 성직자들 사이에서는 '흑사병은 신의 의지'이고 사람들의 부족한 신앙심이 원인이라며 속죄의 마음을 표현하고자 '채찍질 고행 행진'이라는 기묘한 행위를 하는 집단도 나타났다.

신의 의지가 아니라 누군가가 우물에 독을 푼 것이 원인이라는 소문도 퍼졌다. 그런 소문에서 범인으로 지목되는 대상은 언제나 유대인이었으며, 유럽 각지에서 유대인에 대한 살인과 폭행 사건이 속출했다. 이때 적극적으로 유대인을 보호한 교회나 왕후 귀족도 있었지만 그러지 않는 쪽이 더 많았다. 중세에 가장 힘이 강했던 교황으로 불리는 인노첸시오 3세(재위 1198년~1216년) 등이 후자의 선봉장이었기 때문에, 1215년의 공의회에서는 "영원한 예속과 형벌"이라는 선언 아래 7세 이상의 모든 유대인 남성에 대해 고깔모자와 노란색 식별표의 착용을 의무화한다는 결의안이 채택되었다. 유럽의 왕후 귀족들은 이 결의를 거역하지 못하고 각자의 영내에서 같은 명령을 발표했다.

자신도 언제 흑사병에 걸릴지 알 수 없다는 불안감이 예술가들의 작품에도 반영되어 해골이 광란의 춤을 추는 모습을 소재로 삼은 '죽음의 무도'라는 제목의 그림과 조각이 다수 제작된 것도 이 시대의 특징이다. 물론 그런 그림을 그린다고 해서 치유에 효과가 있을 리

<죽음의 무도>(미하엘 볼게무트의 작품, 1493년)

는 없지만, 현실에서 일어난 일을 어떤 형태로든 남기지 않고는 견딜 수가 없었을 것이다.

다만 최초의 유행 장소가 항구 도시였기 때문에 사람들은 상선이 흑사병과 관계가 있음을 어렴풋이 짐작하고 있었다. 그래서 1377년에 크로아티아의 라구사에서 검역이 시작되었다. 새로 입항한 배에 대해 당장은 상륙도 하역도 허가하지 않고 발병자가 없는지 일정 기간 상황을 지켜보는 제도다.

이탈리아의 베네치아에서도 이를 모방해 검역을 시행했다. 처음에는 격리 기간이 30일이었지만, 이 기간으로는 부족하다고 해서 1448

년에 40일로 확대했다. 무역항으로서는 베네치아가 훨씬 컸기 때문에 40일 동안의 격리는 베네치아가 최초라는 오해 속에서 이탈리아어로 '40'을 의미하는 단어가 검역을 의미하는 단어로 확산되었다.

의학 교육의 중심은 대학교의 의학부로

흑사병이 대유행하던 시기, 의학 교육의 중심지는 살레르노 의학교에서 대학교의 의학부로 이동하고 있었다.

종합대학교에서는 교양도 필수다. 학생들은 먼저 자유 학예부에서 '3학'이라고 불린 문법학, 논리학, 수사학에 기하학, 산술, 천문학, 음악을 합친 총 7과목을 공부한 다음 상급 학부로 진학했다. 대학교에 따라 다소 차이는 있지만, 중세의 대학교는 대체로 신학부, 법학부, 의학부의 3부 체제가 기본이었다.

대학교 의학부 중에서도 특히 돋보였던 곳은 프랑스의 몽펠리에와 파리, 북이탈리아의 볼로냐와 파도바의 네 개 대학교다.

대학교나 교수는 달라도 수업은 전부 다음과 같은 스콜라학적 방법으로 시행되었다. 먼저 교수가 도입을 위한 설명을 하고, 다음에는 학생들이 해당 부분의 교재를 낭독한다. 교수는 여기에 해설을 덧붙이며, 그런 다음 토론으로 넘어간다. 사전에 제안할 사람과 논박할 사람을 정해 놓으면 토론은 매끄럽게 진행된다. 학문에 대한 욕구가 왕성한 학생들은 치열하게 논쟁을 벌이며, 마지막에는 교수가 결론을 내리며 마무리한다. 이것이 스콜라학적인 학습법이었다.

볼로냐 대학교의 타데오 알데로티와 제자들의 경우,《아르티셀라》에 포함되어 있는 히포크라테스와 갈레노스의 문서, 그리고 이븐 시나의《의학전범》을 교재로 즐겨 사용했다고 한다. 알데로티는 명의로서 높은 평가를 받았던 인물로, 그가 다른 의사와 달랐던 점은 히포크라테스와 갈레노스의 의학을 아리스토텔레스의 자연 철학과 관련지었다는 것이다. 병의 치료를 신에게 맡기지 말고 철학적인 사고를 통해 치료 방법을 이끌어 내야 한다는 자세다. 알데로티야말로 의학을 법학과 같은 수준의 학문으로 끌어올린 가장 큰 공로자라고 말할 수 있다.

14~15세기가 되었어도 기본적인 교과서에는 변경이 없었다. 증상의 관찰을 중시한 히포크라테스, 인체와 병에 관해, 건강과 병의 성립에 관해 이론을 전개한 갈레노스, 그리고 갈레노스의 저작물을 체계적으로 정리한 이븐 시나의《의학법전》이 변함없이 참조되었다. 교수도 학생들도《의학법전》의 내용이 대부분 갈레노스의 저작물에 기반을 둔 것임을 눈치채고는 있었다. 속으로는 원전인 갈레노스의 저작물을 한 번 더 공부하는 편이 낫다고 생각했을지도 모른다. 그러나 갈레노스의 저작물은 너무 방대했다. 그뿐만 아니라 히포크라테스의 저작물에 대한 주석이나 타인의 저작물에 대한 반론 등도 다수 섞여 있는 탓에 읽기가 어려웠다. 그래서《의학법전》이 계속 유용하게 활용되었던 것이다.

이윽고 14세기경이 되자 대학교의 의학 교육에서 이론과 실지가 명확히 분리되었다. 이론에서는 자연과 인간에 관한 보편적인 원리를 생각하고, 실지에서는 건강을 유지하고 건강한 상태를 회복하기 위한 수단을 생각한다는 이분법이 18세기까지 계승되었다.

인구 감소로 생활 수준이 향상되고, 향신료의 수요가 확대되다

14세기에 발생한 흑사병의 유행은 유럽 전역에서 네 명 중 한 명의 목숨을 앗아갔다. 상식적으로 생각했을 때 이 정도로 인구가 감소하면 유럽 전체가 쇠퇴의 길을 걸어야 한다. 그러나 실제로는 지방을 지키는 제후들만 쇠퇴했을 뿐, 전체적으로는 과잉 상태였던 인구가 감소한 덕분에 세대당 생활 수준이 향상되는 결과를 낳았다. 1년에 몇 번밖에 입에 대지 못했던 고기 요리를 조금 더 높은 빈도로 먹을 수 있게 된 것이다.

가축은 많았으니 별다른 문제가 없었지만, 진짜 문제는 해체한 고기의 보존과 조리법이었다. 장기 보존을 하려면 많은 향신료가 필요했으며, 고급스러워진 혀를 만족시키기 위해서도 역시 향신료가 필수품이었다. 그러나 당시에 향신료는 매우 값비싼 물품이었다. 오스만 제국의 영토를 통과해야만 유럽에 들어올 수 있었기에 엄청난 중간 마진이 붙었다.

풍요로운 식탁을 지키려면 향신료를 저렴한 가격에 입수해야 했으며, 이것은 대항해 시대가 시작된 이유 중 하나였다. 흑사병이 유발한 인구 감소가 생활 수준의 향상을 불러왔고, 그것이 대항해 시대의 계기로 작용했던 것이다.

column 02

고전 의학의 계승

학식이 뒷받침하는 설득력 있는 설명이 중요

고대 그리스·로마 시대와 고대 말기부터 중세까지의 유럽. 사실 이 두 시대의 의료에는 별다른 차이가 없었다. 갈레노스를 능가하는 의사도 등장하지 않았다.

이 장에서 소개했듯이, 10세기 후반에는 이탈리아 남부의 살레르노에 의학교가 설립되었으며 그보다 조금 늦게 이탈리아 북부의 볼로냐와 프랑스의 파리에 대학교 의학부가 신설되었다. 그런 의학 교육의 현장에서 주로 가르쳤던 것은 의료 기술이 아니라 철학 이론이었다. 환자와 환자의 가족에게 존경받기 위한 이론 혹은 화술이라고 보는 편이 옳을지도 모른다.

대학교에서는 논리학과 수사학도 가르쳤으므로, 그곳에서 배운 이론과 화술을 구사해서 환자와 환자의 가족을 안심시키는 것도 의사로서 중요한 역할이었다. 설령 환자의 목숨을 구하지 못하더라도 유족이 원한을 품지 않도록, 자신에 대해 나쁜 소문을 퍼트리지 않도록, "최선을 다했습니다만……"이라는 말에 수긍할 수 있도록 알기 쉬우면서 설득력 있는 설명을 하는 것은 의사의 필수 소양이었다.

의료 기술만을 놓고 보면 중세 유럽에서는 대학교를 졸업한 의사와 정식으로 배우지 않은 의사, 민간요법을 사용하는 의사 사이에 별다른 차이가 없었다. 다른 점이 있다면 학식을 바탕으로 이론적인 뒷받침이 있는 설명을 할 수 있느냐의 여부였다. 대학교를 졸업한 의사는 독서량이 많았기에 손쉽게 과거의 사례를 바탕으로 그럴듯한 병명을 붙였다. 또한 병이 어떻게 진행될지도 설명할 수 있었다. 이에 관해서는 히포크라테스나 갈레노스의 저작물이 없더라도 같은 시대의 진료 기록에서 조사할 수 있었을 것이다.

예전처럼 의사를 겸하는 수도사가 아닌 전업 의사가 탄생한 뒤에 생겨난 변화는 기록의 축적이다. 자신이 직접 진찰한 적이 없는 병례도 진료 기록을 통해 선배 혹은 동료들과 공유할 수 있게 되었다. 그렇다고 해서 이것이 금방 사망률의 대폭적인 저하로 이어진 것은 아니지만, 하나의 전진임에는 틀림이 없었다.

앞에서도 이야기했듯이, 갈레노스가 아라비아 의학의 출발점이라는 사실은 알았지만 갈레노스의 저작물을 전부 읽는 것은 매우 어려운 일이었다. 갈레노스는 중세부터 르네상스기에 걸쳐 '의사의 군주'와 같은 존재였으며 그의 저작물은 권위 있는 의서로서 존경을 모았지만, 역시 허들이 너무 높았다. 그래서 어쩔 수 없이 이해하기 쉬운 이븐 시나의 《의학전범》에 의지하는 시대가 계속되었다.

유럽에서 갈레노스의 저작물을 바탕으로 한 독자적인 의학 교과서가 저술된 때는 그보다 조금 뒤인 16세기 중엽이 되어서였다.

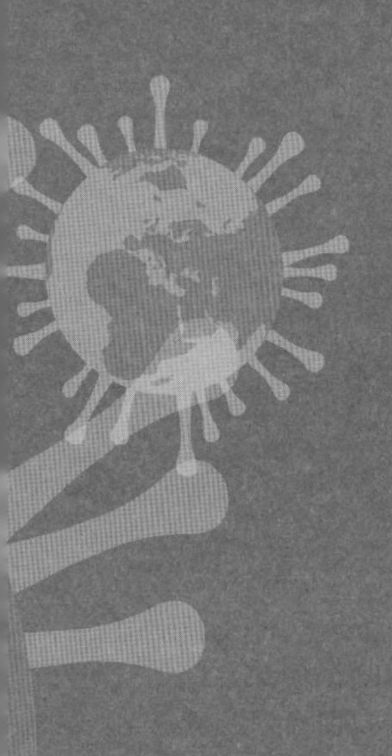

제 3 장

권위로부터 해방되다

인체 해부와 종교 개혁

중세가 막을 내리면서 금기였던 것들이 한꺼번에 풀리다

인체 해부를 막았던 이중의 금기

고대 이집트에서는 내세에 영혼이 깃들어야 할 육체가 필요하다는 생각에서 시체를 미라로 만들어 매장했다. 이슬람 세계에서는 "'최후의 심판'의 날, 모든 죽은 자가 심판을 받기 위해 되살아난다"라는 가르침 아래 시체를 땅속에 묻었다. 크리스트교도 '최후의 심판'의 가르침이 있기 때문에 일반적으로 시체를 땅속에 묻는다. 이슬람교만큼 시체를 중요시하지는 않지만, 그래도 의학의 진보를 위해 시체를 해부한다는 것은 쉽게 떠올릴 수 없는 발상이었다.

기록상으로는 헬레니즘 시대의 알렉산드리아에서 헤로필로스(기원전 330년경~기원전 260년경)와 에라시스트라토스(기원전 315년경~기원전 240년경)가 인체를 해부한 것이 최초의 사례이며, 이후 오랜 공백 기간이 계속되었다. 갈레노스는 원숭이를 수없이 해부했고 살레르노 의학교에서는 정기적으로 돼지를 해부했다. 하지만 인체를 해부한 사례는 없었다. 설령 시체라 해도 사람의 몸을 난도질하는 것은 커다란 금기로 여겨졌던 듯하다.

또한 크리스트교의 전성기에는 진리란 성경 속에만 존재한다는 것이 정통적인 사고방식이었다. 그 밖의 대상을 통해서 진리나 사실을 탐구하는 것 또한 금기였으며, 그런 말을 입 밖에 냈다가는 이단으로 고발당해 최악의 경우 화형을 당할 수도 있었다.

그러나 아무리 성경을 열심히 읽는다 한들 인체에 관해 깊은 지식을 얻기는 불가능했다. 여기에 마침 교황의 권력과 권위가 13세기를 정점으로 쇠퇴하기 시작한 것도 호재로 작용해 점점 금기의 범위가 축소되어 갔다.

히포크라테스나 갈레노스의 공적은 분명 위대했지만, 그들의 저작물과 그에 대한 주석에만 의지해서는 의학이 진보하는 데 한계가 있을 수밖에 없었다. 병에 관해 더욱 깊게 이해하려면 인체의 구조를 확실히 파악해야 하며, 그러려면 역시 인체의 해부가 반드시 필요했다.

다 빈치와 미켈란젤로도 견학한 인체 해부

처음에는 암암리에 시행되었기 때문에 누가 인체 해부의 첫 테이프를 끊었는지는 알 수 없다. 그러나 볼로냐 대학교의 타데오 알데로티(1223년~1295년)가 남긴 문서에서는 그가 인체 해부에 입회했었음을 짐작할 수 있는 대목을 발견할 수 있다. 그리고 알데로티의 제자인 몬디노 데 루치(1275년~1326년)에 이르러서는 아예 숨길 생각도 없이 인체를 해부했으며, 1316년에는 《해부학》이라는 책을 썼다. 이 무렵부터 이탈리아와 프랑스 남부를 중심으로 한 유럽의 대학교 의학부에서는 의학 교육의 일환으로 인체 해부를 실시하게 된다. 다만 교회와 정면으로 충돌하는 상황은 피하기 위함인지 14~15세기에는 인체 해부가 아직 소극적이었고, 대대적인 홍보도 하지 않았으며, 견학을 허락받는 사람도 한정적이었다.

의사들만이 인체의 구조를 자세히 알고 싶어 했던 것은 아니다. 르네상스기의 예술가들도 인체를 현실적으로 그려야 할 필요가 있었기에 인체 해부를 견학하고 싶어 했다. 그 대표적인 인물이 레오나르도 다 빈치(1452년~1519년)와 미켈란젤로 부오나로티(1475년~1564년)다. 이 두 사람은 각자 연줄을 이용해 인체 해부 현장에 입회할 기회를 얻었고 자신이 본 것과 기록한 것을 이후의 창작에 활용했다. 미켈란젤로의 다비드상과 시스티나 예배당의 천장화 등이 그 대표적인 예로, 인체 해부의 경험 없이는 그런 걸작이 탄생할 수 없었을 것이다. 다 빈치도 손으로 그린 해부도를 다수 남겼다.

다 빈치는 밀라노와 피렌체, 미켈란젤로는 피렌체와 로마의 교회가 운영하는 의료 시설에서 시행된 인체 해부에 입회했다. 여기에 이탈리아 르네상스의 발상지인 피렌체의 이름이 등장하는 것은 결코 우연이 아니다. 이탈리아 경제의 중심지가 해상 무역으로 부를 쌓은 베네치아와 제노바에서 상업 도시로 이동하기 시작한 것이다. 피렌체의 성장을 뒷받침한 것은 모직물 산업과 금융업이다. 특히 메디치 가문의 재력은 독보적이었는데, 이 가문은 대대로 예술가들을 후원했던 것으로도 유명하다.

성장을 지속하는 도시는 진취적인 기상도 강한 법이기에, 유럽의 어떤 대학 도시보다 피렌체에서 인체 해부가 활발히 이루어졌던 것에도 고개가 끄덕여진다. 르네상스가 이탈리아, 그것도 피렌체에서 시작된 것 역시 같은 이유에서다. 피렌체에서 베네치아와 로마로 확산된 개혁의 기운은 더 나아가 서유럽 전역으로 확대되었다.

이탈리아반도 자체는 하나로 통일되지 않고 교황령과 나폴리 왕국, 여기에 여러 공국과 도시 국가가 분립하는 상태였다. 그러나 예술 분야에 한해서는 여전히 유럽에서 최첨단을 달렸다. 경제 역시 최정상……이었다고 말하고 싶지만, 스페인과 포르투갈이 신항로를 개척했을 뿐만 아니라 유럽 내 해상 무역의 주역이 지중해 도시에서 네덜란드로 넘어가고 있었던 상황이었기에 아무리 피렌체가 고군분투한들 대세를 바꿀 수는 없었다.

치명타는 배를 만드는 데 반드시 필요한 목재의 고갈이었다. 지중해 연안에서 숲이 자취를 감추고 산들도 전부 민둥산이 되어 버렸기 때문에 새로운 배를 만들고 싶어도 만들 수가 없었다. 그때까지 식림이라는 발상 없이 무작정 벌채를 거듭했던 대가를 치르게 된 것이다.

교회의 권위가 저하되면서 절대왕정의 시대가 찾아오다

서유럽 전체의 상황을 정리하면, 교황과 교회의 권위가 인노첸시오 3세(재위 1198년~1216년)의 시대에 정점을 찍은 뒤 내리막길을 걸으면서 교황과 각국 군주의 힘 관계가 역전되어 갔다.

영국과 프랑스에서는 백년 전쟁과 흑사병의 대유행이 제후들의 힘을 크게 줄이고 국왕의 힘을 상대적으로 강화시키는 결과를 불러왔다. 가계가 단절된 제후의 영지는 국왕의 영지에 편입되었으며, 자력으로 영지를 운영할 수 없게 된 영주들은 영지를 국왕에게 바치고 궁정 귀족으로서 살아남는 길을 선택했다. 게다가 영국에서는 백년 전쟁이 끝나자마자 일어난 내전인 일명 장미 전쟁(1455년~1485년)이 결정타가 되어 지방에 할거하던 제후들이 거의 소멸하고 말았다.

한편 스페인과 포르투갈의 행보는 영국이나 프랑스와는 크게 달랐다. 그 요인은 레콩키스타(국토 회복 운동)에 있었다. 8세기 초엽, 이베리아반도의 대부분은 아랍 이슬람군의 지배를 받고 있었다. 레콩키스타는 이에 대한 가톨릭 측의 반격을 가리킨다. 이 시기에는 전시의 집권 체제가 계속 유지되었고, 레콩키스타가 완결된 1492년에도 카스티야와 아라곤, 포르투갈의 세 왕국에서는 중앙 집권 체제가 지속되었다. 카스티야 왕국과 아라곤 왕국이 합병해 스페인 왕국이 된 뒤에도 마찬가지였다. 제후들이 할거하는 상태와 전제 군주제는 동원할 수 있는 돈의 규모가 크게 다르기 때문에 스페인과 포르투갈은 신항로의 개척이라는 대형 사업에 투자할 수 있었다.

이렇게 중앙 집권화가 진행된 나라들과 달리 독일만은 특수한 길을 걸었다. 독일 왕과 신성 로마 제국의 황제 지위는 빈에 수도를 둔 합스부르크 가문이 세습하고 있었지만 제후의 독립성은 오히려 강화되어서, 독일의 내부에서 왕권이 직접적으로 미치는 범위는 합스부르크 가문의 직할령으로 한정되었다. 그러나 합스부르크 가문은 영향력의 범위를 다른 곳에서 채웠다. 혼인 관계를 맺은 상대 가문의 대가 끊어지는 일이 잇달아 발생해, 카를 5세(1500년~1558년)의 대에는 신성 로마 제국 황제와 스페인 왕에 이어 부르고뉴 공작, 플랑드르 백작, 밀라노 공작, 나폴리 왕 등 수십 개의 군주 칭호를 겸하기에 이르렀다. 프랑스를 동쪽과 서쪽, 남쪽의 세 방향에서 크게 둘러싸는 형태였다. 물론 프랑스가 이런 상황에 위협을 느끼지 않을 리가 없었기에, 프랑수아 1세(재위 1515년~1547년)와 카를 5세는 이탈리아를 둘러싸고 평생의 라이벌이 된다.

유럽이 새로운 차원에 돌입한 것은 분명했다. 중세와는 이별을 고한 것이다. 이것은 의학의 세계도 예외가 아니어서, 16세기는 인체 해부를 꺼리는 분위기가 완전히 사라져 곳곳에서 공개적으로 인체 해부를 시행하게 되었다.

해부에서 1인 3역을 소화해 낸 베살리우스

보통 인체 해부는 세 명의 공동 작업으로 진행되었다. 책을 소리 내어 읽는 해부학자, 메스로 인체를 절개하는 집도자, 막대로 각종 장기를 가리키는 설명자다. 견학하는 사람들을 의식해서 이런 식으로 역할을 분담했다. 이렇게 공동 작업을 하면 효율이 좋을 것 같지만, 실제로는 시종일관 의서의 기술이 맞는지 틀렸는지 확인하는 작업이 되어 버려 세 명 모두 얕은 수준의 이해에 그치고 만다는 문제점이 있었다. 잘못된 기술을 정정하기에 충분한 관찰은 하지 못하는 것이다.

이 문제점을 극복하려면 책의 내용을 머릿속에 철저히 입력한 사람이 1인 3역을 소화해 내야 했는데, 이것을 처음으로 실행한 인물은 부르고뉴 출신의 안드레아스 베살리우스(1514년~1564년)였다. 베살리우스는 북방 르네상스의 중심지였던 브뤼셀에서 태어났다. 그의 가문은 대대로 부르고뉴 공작의 시의를 배출했는데, 베살리우스의 아버지는 적출자가 아니라 서자였기 때문에 정식 의사는 되지 못하고 역시 궁정에서 일하기는 했지만 약제사에 그쳤다. 그래서 아버지는 자신이 이루지 못한 꿈을 아들에게 의탁했다.

베살리우스는 아버지의 기대에 부응하기 위해 열심히 공부해, 18

세부터는 파리 대학교에서 의학을 배웠고 인체 해부의 조수도 경험했다. 그리고 전쟁 때문에 21세에 파리를 떠나 한동안 고향에서 생활하다 이윽고 이탈리아 북부의 파도바 대학교에 입학한다. 그곳에서 학식과 해부의 기량을 인정받은 그는 외과학과 해부학의 교수가 되었는데, 파도바 대학교에서 5년을 보내는 동안 자신의 명성을 불멸의 것으로 만드는 위대한 업적을 남겼다. 그것이 바로 1543년에 스위스의 바젤에서 출판한 《파브리카(인체의 구조)》와 《에피토메》라는 책이다.

출판 장소로 바젤을 선택한 이유는 두 가지였다. 그곳이 첫째로 가톨릭의 수호자를 자임하는 신성 로마 제국에서 독립한 지역이었고, 둘째로 당시의 유럽에서 제지업과 인쇄·출판업이 가장 발달한 곳이었기 때문이다. 종교적으로 온건파 프로테스탄트였던 까닭에 혁신적인 저작물을 출판하기 용이하다는 의미에서도 최적이었다.

그건 그렇고, 기획 입안부터 출판에 필요한 자금의 조달까지 전부 혼자서 해결한 것을 보면 베살리우스는 처세술의 측면에서도 상당한 달인이었다고 할 수 있다.

권위 있는 의서보다 인체 자체와 마주한다

베살리우스의 《파브리카》와 그 요약본인 《에피토메》는 다양한 점에서 획기적이었다. 먼저 전체의 구성을 소개하겠다. 《파브리카》는 골격, 근육, 혈관, 신경, 복부 내장, 흉부 내장, 두부 기관의 7권으로 구성되어 있다. 한편 《에피토메》는 골격, 근육, 소화기·간·문맥과 정맥, 심장·동맥, 뇌·말초 신경, 생식기의 6장으로 구성되어 있다.

베살리우스는 원숭이의 해부를 바탕으로 한 갈레노스의 해부학을 참조하면서도 갈레노스의 오류 또한 정중하게 지적했다. 공통의 선조를 뒀다고는 하지만 호모사피엔스와 다른 유인원은 700만 년이나 이전에 분기되었다. 그러므로 이후의 진화 과정에서 체내 구조에 변화가 나타나는 것은 당연한 일이었다.

권위 있는 책이 아니라 인체 해부를 통해 인체를 탐구한다. 이것은 과학으로서의 의학, 근대 의학의 시작을 선언하는 자세이기도 했다. 그때까지의 의학은 이론 중심으로서 과학적으로 인체와 마주하는 것 자체를 부정했었기에, 베살리우스가 내디딘 이 첫발은 혁명적인 대전환이었다.

정교하고 치밀한 해부도를 가능케 한 활판 인쇄

다만 베살리우스의 저작물에 대한 사람들의 관심은 해부학에 관한 상세한 기술이 아니라 풍부하게 첨부된 해부도에 집중되었다. 정교하고 치밀하며 예술적인 데다가 박력이 넘치는 그 해부도는 인체 해부에 대한 이해도가 높은 예술가가 협력을 아끼지 않았기에 탄생할 수 있었을 것이다. 필치로 보건대 협력자는 베네치아에서 활약하고 있었던 티치아노 공방의 화가로 추정된다.

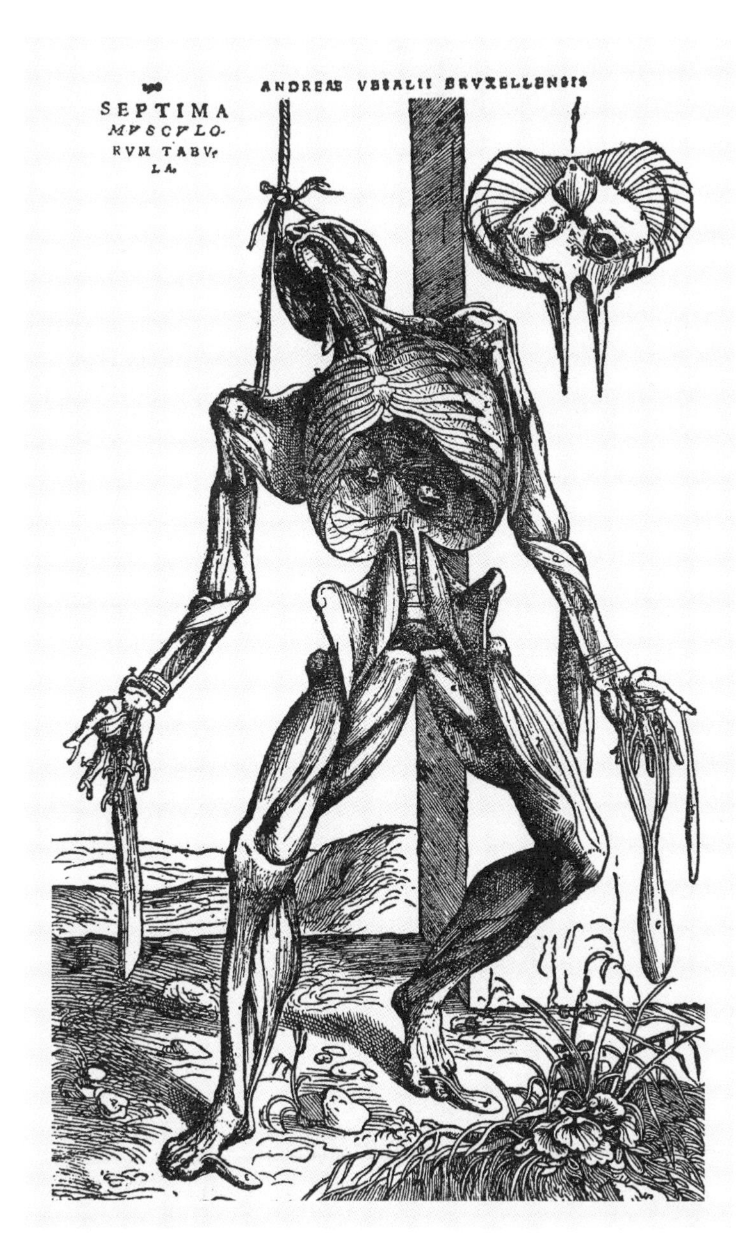

《파브리카》에 수록된 해부도

그림은 전부 목판화로, 베네치아에서 제작된 것이 바젤로 운반되어 본문과 함께 활판 인쇄되었다. 독일 서부의 도시 마인츠에서 태어난 요하네스 구텐베르크(1394년경~1468년경)가 발명한 활판 인쇄는 1450년경에 처음 가동되었으며, 16세기에 들어와서는 널리 보급되어 책이나 소책자를 쉽게 대량으로 제작할 수 있게 되었다. 활판 인쇄가 보급되기 전의 서적은 필사본뿐이었다. 그래서 가격이 매우 비쌌으며, 그러다 보니 서적의 소유 자체가 사회적 지위를 상징했다. 학생들은 책을 살 엄두도 내지 못했고, 책을 빌려서는 직접 베껴야 했다. 그랬던 것이 학생들도 손에 넣을 수 있는 가격에 유통되기 시작한 것이므로, 활판 인쇄는 근대 이전의 가장 큰 정보 혁명이라고 부를 수 있는지도 모른다.

1517년에 독일 종교 개혁이 시작되었을 때도 이 인쇄술 덕분에 "마치 천사가 전령이 되어 준 것처럼" 정보가 빠르게 전파되었다.

종교 전쟁의 영향을 받은 베살리우스의 인생

종교 개혁은 교황을 정점에 두는 조직 체계로부터 분리된 프로테스탄트를 만들어 냈고, 유럽 각지에서는 피를 피로 씻는 종교 전쟁이 17세기까지 빈번히 일어났다. 베살리우스의 인생도 이 종교 전쟁과 무관할 수는 없었다.

베살리우스가 태어난 브뤼셀은 부르고뉴 공국의 영내에 있었다. 부르고뉴 공국의 영토는 현재의 베네룩스 삼국 전부와 프랑스, 독일의 일부 지역에 걸쳐 있어서, 부르고뉴 공국의 행보에 따라 영국-프랑스 백년 전쟁의 형세가 확연히 바뀔 정도였다.

베살리우스가 태어난 1514년, 부르고뉴 공국은 합스부르크 가문의 영토에 편입되었다. 1477년에 당주인 용담공 샤를이 아들을 남기지 못한 채 전사하자 외동딸의 남편이 된 막시밀리안 1세(그리고 손자인 카를 5세)가 영토와 지위를 계승했기 때문이다. 참고로, 카를 5세는 부르고뉴의 강이라는 도시에서 태어났다. 강은 현재 벨기에에서 세 번째로 큰 도시인 헨트에 해당한다.

파리 대학교에서 공부하던 베살리우스는 프랑스의 프랑수아 1세가 오스만 제국의 쉴레이만 1세와 동맹을 맺고 독일·오스트리아 일대를 협공할 태세를 보이자 그곳을 떠났다. 그가 부르고뉴 출신인 까닭에 적국의 사람으로 간주될 우려가 있었던 것이 파리를 떠난 이유였다. 베살리우스는 일단 고향으로 돌아갔지만, 의사라는 아버지의 비장한 염원을 이루기에는 아직 실적이 부족했기에 그 후 베네치아 공화국의 파도바로 떠났다. 그곳에는 볼로냐 대학교에 이어 이탈리아에서 두 번째로 오래된 대학교이며 의학부가 있는 파도바 대학교가 있었기 때문이다.

모든 것은 아버지의 꿈을 이루기 위한 것이었기에, 《파브리카》와 《에피토메》로 명성을 확립하자 더는 파도바 대학교에 머무를 이유가 없었다. 부르고뉴로 돌아온 그는 바람대로 카를 5세의 궁정 시의가 되었고, 이를 계기로 학문과 연구의 세계로부터 완전히 멀어지고 만다.

이처럼 베살리우스는 의학을 목적이 아니라 어디까지나 수단으로 여겼던 사람이다. 그런 사람이 의학의 역사에 대전환을 불러왔다니, 참으로 얄궂은 일이 아닐 수 없다.

다만 카를 5세는 영토가 너무나도 광대한 데다가 곳곳에 흩어져 있었기 때문에 '독일에 9회, 스페인에 6회, 이탈리아에 7회, 플랑드르에 10회, 프랑스에 4회, 영국과 아프리카에 2회씩 모두 합쳐 40회에 이르는 여행을 했다'고 한다. 따라서 시의로 동행해야 했던 베살리우스는 설령 본인에게 의지가 있었다 한들 학문이나 연구에 신경을 쓸 여유가 없었을지도 모른다.

갈레노스를 부정한 윌리엄 하비의 혈액 순환론

인체 해부를 경험한 의사들은 갈레노스 이래 이어져 내려온 생리학설에 의문을 품게 되었다. 인체의 구조와는 명백히 모순되었기 때문이다.

갈레노스의 3대 내장과 맥관에 관한 설을 정리하면 다음과 같다.

■ 간에서 만든 영양이 풍부한 정맥혈이 정맥을 통해서 온몸에 분배된다.
■ 심장에서는 좌실에서 만든 생명의 정기가 풍부한 동맥혈이 동맥을 통해 온몸으로 분배된다.
■ 뇌저에서 만든 동물의 정기가 풍부한 신경액이 말초 신경을 통해 온몸으로 분배된다.

베살리우스를 비롯한 많은 의사가 모순점을 눈치챘으면서도 갈레노스의 설을 정면으로 부정하는 데는 조심스러운 태도를 보였다. 권위에 도전하기가 부담스럽기도 했겠지만, 그 이상으로 "그렇다면 정답은 무엇이오?"라는 질문을 받았을 때 명확한 대답을 할 수가 없기 때문이었을 것이다.

그 어려운 문제를 극복한 인물은 파도바 대학교에서 유학한 경험이 있는 영국의 윌리엄 하비(1578년~1657년)였다. 그는 1628년에 발표한《동물의 심장과 혈액의 운동에 관한 해부학적 연구》에서 갈레노스의 3대 내장과 맥관에 관한 설을 완전히 부정하고 혈액 순환론을 제창했다.

하비는 이 책에서 심장이 보낸 혈액이 동맥과 정맥을 통해 순환된다는 것을 다음의 세 부분으로 나눠서 논증했다.

■ 첫 번째 부분은 심장의 움직임에 관한 논증

- 두 번째 부분은 혈액의 순환에 관한 논증
- 세 번째 부분은 혈액 순환이 가져오는 의의에 관한 검증

하비의 이 혈액 순환론은 유럽 전역에 큰 반향을 불러일으켰다. 그리고 찬반양론이 오가기는 했지만 1650년경에는 널리 받아들여지게 되었다.

하비가 혈액 순환론을 아무런 토대도 없는 상태에서 만들어 낸 것은 아니고, 파도바 대학교에서 해부학과 외과학 교수로 있었던 히에로니무스 파브리치우스(1533년~1619년)의 정맥판 발견을 토대로 삼았다. 파브리치우스는 베살리우스 이후 16세기 최고의 해부학자다.

시간이 흘러 1924년, 하비보다 꽤 앞선 시기에 혈액 순환설을 제창했던 것으로 생각되는 인물이 발견되었다. '의사들의 장(長)'으로서 이집트의 맘루크 왕조를 섬겼던 시리아 출생의 이븐 알 나피스(1208년경~1288년)다. 그는 '제2의 이븐 시나'라고도 불리는 명의로, 《이와나미 이슬람 사전(岩波イスラーム辞典)》에서는 다음과 같이 소개했다.

> 그가 《'의학전범'의 해부학 주해》에서 "혈액이 심장의 우심실에서 격벽의 작은 구멍을 통과해 직접 좌심실로 흘러간다"라고 주장하는 갈레노스의 설을 비판하고, 우심실 → 폐 → 좌심실이라는 혈액의 폐순환(소순환)을 제창한 것은 유명하다.

다만, 설령 이븐 나피스가 혈액 순환설을 제창했다고 해도 그 설이 높게 평가받았던 것은 아니었으므로 실제로 의학 현장을 움직인 인물이 하비라는 사실에는 변함이 없다.

사회도 의학도 새로운 시대에 돌입하다

하비는 제임스 1세(1566년~1625년)의 시의였다. 제임스 1세는 영국 스튜어트 왕조의 왕이다. 1603년에 엘리자베스 1세가 세상을 떠나면서 튜더 왕조의 대가 끊기자, 외증조할머니가 헨리 8세(엘리자베스 1세의 아버지)의 누나여서 튜더 가문의 적류에 가장 가까웠던 스코틀랜드의 왕 제임스 1세가 잉글랜드의 왕까지 되었던 것이다.

제임스 1세가 세상을 떠난 뒤 하비는 찰스 1세(1600년~1649년)의 시의가 되었고, 이때 청교도 혁명을 맞이한다. 왕당파에 가담했기 때문에 한때 곤란한 처지에 놓이기도 했지만, 명예가 회복된 뒤에 《동물의 발생에 관한 연구》를 발표함으로써 후세에 발생학의 선구자로 평가받게 된다. 이것은 파브리치우스가 만년에 집필한 《형성된 태아》와 《달걀과 병아리의 형성》 등을 토대로 삼은 것으로, 그가 스승에게서 큰 영향을 받았음을 짐작하게 해 준다.

하비의 가장 큰 업적은 가설을 세우고 실험을 통해 그 가설을 검증한다는 새로운 방법론을 확립한 것인지도 모른다. 그는 역학을 이용해서 인체의 기능을 설명하려 하는 기계론의 선구자였다.

영국-프랑스 백년 전쟁과 흑사병으로 인구가 격감했던 서유럽 가톨릭 세계에서는 그전까지 사실상 영토에 할거하고 있었던 제후들이 쇠퇴했고, 이에 따라 상대적으로 국왕의 권력이 강해졌다. 또한 명백히 과잉이었던 인구가 적정한 수준에서 안정됨으로써 세대당 생활 수준이 향상되는 등 사회 전체가 새로운 차원에 돌입했다. 사회도 의학도 이런저런 속박이 많았던 중세에서 크게 탈피하고 있었던 것이다.

2

천연두와 아메리카 선주민

정복자가 가져온 역병은 그 어떤 무기보다 강력했다

철과 말 이상의 파괴력으로 선주민을 압살하다

서양에서 시작된 대항해 시대의 선봉에 선 나라는 스페인과 포르투갈이었다. 아메리카 대륙의 '발견자'로 여겨지는 크리스토퍼 콜럼버스는 스페인 국왕의 후원을 얻어서 1492년부터 1504년까지 4회에 걸쳐 대서양을 왕복하며 서인도제도부터 중앙아메리카와 남아메리카의 일부에 발자취를 남겼다.

그리고 이를 계기로 스페인에서 아메리카 대륙을 향하는 자가 속출했다. 1521년에는 에르난 코르테스가 중앙아메리카의 아즈텍 제국을, 1533년에는 프란시스코 피사로가 남아메리카 안데스의 잉카 제국을 멸망시켰다. 이들과 같은 사람들은 '콩키스타도르(정복자)'라고 불렸다. 이를 통해 중남아메리카의 대부분은 스페인의, 브라질은 포르투갈의 식민지가 된다.

만 단위의 병사를 손쉽게 동원할 수 있는 대국이었던 아즈텍 제국과 잉카 제국이 1,000명도 안 되는 콩키스타도르에게 허무하게 멸망한 이유로는 그들이 알지 못했던 병기의 존재를 빼놓을 수 없다. 그것은 바로 말과 철, 화약 등이다. 라마(야마)보다 몸집이 크고 다리 힘도 강한 짐승, 무서울 정도로 날카로운 검, 화살로도 창으로도 뚫지 못하는 튼튼한 갑주, 굉음을 내면서 먼 곳에 있는 사람을 죽이는 총기 등 그들이 알지 못했던 무기를 이만큼 갖추고 있었으니, 전투가 일방적으로 전개되는 것도 무리는 아니었다.

다만 그렇다고 해도 선주민의 인구는 콩키스타도르의 100배에서 1,000배에 이르렀기에 언제 대규모 반란이 일어나도 이상하지 않았다. 그런데 콩키스타도르는 자신들이 의도하지 않은 무기도 지니고 있었다. 그것은 바로 천연두와 인플루엔자로 대표되는 감염증이었다. 이것이 말이나 철 이상의 파괴력을 발휘했던 것이다.

제1장과 제2장에서도 언급했지만, 천연두는 공기로 감염되는 병이며 치료법은 없다. 사망률이 매우 높고 발병 후의 패턴은 명확하지만 누가 언제 발병할지는 아무도 알지 못한다는 점이 문제였다. 여기에 아메리카 대륙은 오랫동안 다른 대륙과 격리된 상태에 있었기 때문

에 교류가 시작되면 본래 없었던 감염증이 전래되어 맹위를 떨칠 것은 분명했다. 물론 당시의 과학 수준으로는 이런 사실까지 알 턱이 없었기에 콩키스타도르도 의도적으로 감염증을 가져온 것은 아니었다.

콩키스타도르와의 전투에서 사망한 자들보다 훨씬 많은 수의 선주민이 알 수 없는 감염증에 걸려 쓰러졌고 목숨을 잃어 갔다. 서인도제도에는 주민이 전멸한 섬도 있었으며, 중남아메리카 대륙부에서도 전체 인구의 약 90%가 사망했던 것으로 추측된다.

북아메리카 대륙도 사정은 마찬가지였다. 스페인이 제일 먼저 식민 활동을 시작했고, 프랑스와 네덜란드, 영국도 조금 늦게 참가했다. 북아메리카 대륙에 관해서는 영국의 식민 활동만이 강조되는 경향이 있지만, 사실 대서양을 횡단할 수 있는 배를 보유한 나라는 전부 참가했던 것이다. 1620년에는 메이플라워호를 타고 대서양을 건넌 필그림 파더스(청교도 일행)라는 집단이 매사추세츠의 플리머스에 상륙했다. 훗날 판명되었지만, 이 매사추세츠를 포함하는 뉴잉글랜드 해안 지방은 3년 전에 전염병이 맹위를 떨쳐 그곳에 살고 있었던 주민이 전멸한 상태였다. 농경지로서 기초를 닦아 놓은 토지를 피 한 방울 흘리지 않고 입수할 수 있었던 것이다. 그래서 식민지 개척자들은 "신께서 전염병을 보내 우리가 갈 곳을 청소해 주셨다"라며 감사의 기도를 올렸다고 한다.

시기적으로 봤을 때 그 전염병은 스페인인이 가져온 것일 가능성이 매우 크다. 다만 천연두였는지까지는 판단할 수 없다.

한편 18세기에 유럽인이 오스트레일리아에 확산시킨 전염병은 명백히 천연두였다. 면역이 없었던 선주민들은 천연두에 걸려 하나둘 쓰러졌고, 그 결과 인구는 순식간에 절반으로 줄어들었다. 새로운 토지에 상륙했을 때 가장 큰 피해를 가져다준다는 것은 회복된 자의 얼굴에 남는 마맛자국과 함께 천연두의 커다란 특징이다.

18세기 후반부터 인두법이 보급되다

천연두의 치료법은 지금도 존재하지 않지만, 예방법은 확립되어 있다. 천연두에 감염되었다가 회복되면 이후 두 번 다시 감염되지 않는다는 사실은 근세 말기의 유럽인들도 경험을 통해서 알고 있었다. 그래서 일부 지역에서는 천연두를 인위적으로 감염시키는 인두법이라는 방법을 사용했다.

인두법은 중국 남부에서 시작된 것으로 알려지며, 18세기 초엽에는 오스만 제국에 전래되어 있었다. 감염자의 몸에 생긴 딱지를 으깨서 녹인 물을 바늘에 발라서 피부에 찔러 넣거나, 가루로 만든 딱지를 코로 들이마시거나, 바늘에 고름을 묻혀서 피부를 긁거나 찌르는 등의 원시적인 방법으로 감염시켰다.

1717년, 콘스탄티노폴리스에 체류하고 있었던 영국 외교관의 아내 몬태규 부인은 자신의 아들에게 인두 접종을 시켜 좋은 결과를 얻었다. 그리고 1721년에는 런던에서 같은 시도를 해 역시 좋은 결과를 얻었다. 이에 따라 18세기 후반의 서유럽에서는 인두 접종이 널리 보급되었다. 그러나 접종 후 증상이 악화되어 죽음에 이르는 사례도 있었고 천연두가 유행하는 원인이 될 수도 있었기 때문에 이에 대한 불안감은 아직 남아 있었다.

이런 불안감을 해결한 인물이 영국의 에드워드 제너(1749년~1823년)다. 그는 목장에서 소젖을 짜는 일을 하는 여성은 천연두에 걸리지 않는다는 사실에서 힌트를 얻어 우두로도 같은 효과를 얻을 수 있지 않을까 생각했다. 그래서 실제로 우두에 감염되었던 여성의 이마에서 짜낸 고름을 어린아이에게 접종했는데, 예상대로 그 아이는 천연두에 걸리지 않았다.

제너는 이 실험과 연구의 성과를 정리해 1798년에 《우두의 원인과 작용에 관한 연구》라는 제목으로 발표했다. 그리고 이것이 널리 인정받게 되어 인두법보다 훨씬 안전하고 확실한 천연두 예방 접종이 세계에 확산되었다.

제너의 우두법은 일본에도 전래되었다. 그전까지 일본에서는 천연두를 '이모가미'라는 나쁜 신의 소행이라고 생각했고, 민간에서는 술을 섞어서 끓인 쌀뜨물로 환자를 목욕시켰다. 또한 빨간색이 예방에 효과적이라면서 간병인의 의복과 포렴, 완구 등을 전부 빨간색으로 통일시키는 풍습도 있었다.

여담이지만, 이모가미가 어떻게 생겼는지에 관해서는 여러 가지 설이 있었던 모양이다. 일본의 우키요에 화가 쓰키오카 요시토시(1839년

다메토모가 부이도키진을 쫓아내는 그림
국립국회도서관 'NDL 이미지 뱅크'(https://rnavi.ndl.go.jp/imagebank/)

~1892년)의 요괴화 연작인 〈신형삼십육괴선〉에는 '다메토모(헤이안 시대 말기의 무장-옮긴이)가 부이도키진(이모가미)을 쫓아내는 그림'이라는 제목의 그림이 있는데, 여기에서는 평범한 사람과 거의 차이가 없는 모습으로 그려져 있다. 이 그림은 에도 시대 후기의 작가인 교쿠테이 바킨이 19세기 초엽에 쓴 괴기 소설《친세쓰유미하리즈키》에 실려 있는 이야기를 염두에 두고 그린 것으로 생각된다.

유럽인을 괴롭혔던 괴혈병

대항해 시대는 아메리카 대륙의 선주민 사회에 심각한 영향을 줬는데, 정도의 차이는 있을지언정 유럽 쪽도 아무런 상처가 없었던 것은 아니었다. 콜럼버스의 첫 번째 항해 때는 대서양을 횡단하는 데 72일이 걸렸다. 이 기간 동안 보급은 전무했기에 스페인의 팔로스 항구에서 실었던 신선 식품은 일찌감치 바닥을 드러냈거나 남아 있더라도 상해서 먹을 수가 없었을 것이다.

또한 그 후에 이어지는 바스코 다 가마나 마젤란의 항해도 사정은 다르지 않았을 터다. 지금은 신선한 채소의 섭취가 부족하면 비타민C(아스코르브산)의 결핍으로 괴혈병에 걸린다는 사실을 알고 있다. 그러나 15~17세기에는 그런 사실을 전혀 몰랐기 때문에 이런저런 대책을 시도하는 수밖에 없었다.

비타민C가 부족하면 콜라겐의 생합성에 장애가 발생한 결과 미세

혈관이 손상되어 출혈이 잦아진다. 또한 외상의 치유도 저해되며, 쇠약해진 끝에 사망에 이른다. 잇몸에서 나오는 피가 멈추지 않는 상태는 명백한 위험 신호다.

인류 역사상 최초의 세계 일주 항해에 성공한 마젤란 일행은 출항한 약 270명 가운데 18명만이 살아서 돌아올 수 있었다. 개중에는 지휘관인 마젤란처럼 전사한 사람이나 규율 위반으로 처형당한 사람, 무인도에 버려진 사람도 있었지만, 그 밖의 사인 중 대부분은 괴혈병이었던 것으로 추정된다.

괴혈병은 장기간의 항해 이외에는 환경이 열악한 감옥에 장기간 수감되지 않는 한 볼 수 없는 병이기 때문에 과거의 문헌을 아무리 살펴본들 치료법을 찾아낼 리가 없었다. 치료법으로 이어질 만한 힌트조차도 없었을 것이다. 치료법의 실마리를 찾아내려면 문헌이 아니라 살아 있는 인체를 관찰하는 수밖에 없는 상황이었다. 의학에 관한 지식이 있든 없든 장기간의 항해에 도전하는 모든 사람이 관찰 대상 겸 관찰자가 되어야 했다.

경험이 쌓이는 과정에서 사람들은 이윽고 레몬 과즙으로 괴혈병을 막을 수 있는 것이 아니냐는 생각을 하게 되었다. 그리고 1753년, 영국 해군의 군의관인 제임스 린드가 임상 실험을 거듭한 끝에 감귤 계열의 과즙과 사이다에 괴혈병 예방 효과가 있음을 증명했다. 다만 괴혈병의 메커니즘이 완전히 밝혀진 것은 그로부터 훨씬 뒤였다.

비타민의 결핍이 원인인 병은 괴혈병 이외에도 존재한다. 가령 일본에서 많았던 각기병은 비타민B_1(티아민)의 결핍이 원인이다. 백미가 아니라 현미나 통밀을 먹으면 각기병을 예방할 수 있음을 알게 된 것은 20세기가 되어서였다.

일본의 경우 나라 시대와 헤이안 시대에 각기병은 상류 계급만이 걸리는 병이었지만, 에도 시대에는 서민들도 많이 걸렸기 때문에 '에도병'으로 불렸다. 참근교대(지방의 다이묘를 정기적으로 에도에 불러들이는 제도-옮긴이) 때문에 에도에 온 지방 무사가 각기병에 걸렸다가도 에도를 떠나 지방으로 돌아간 순간 거짓말처럼 나았던 까닭에, 사람들은 에도의 공기나 물에 문제가 있는 것이 아니냐고 의심했다. 설마 흰쌀밥을 일상적으로 먹는다는, 지방의 농민들에게는 부럽기 짝이 없는 환경이 원인이라고는 그 누구도 상상하지 못했다.

3

매독과 이탈리아 전쟁

용병이 고향으로 갖고 돌아간 고맙지 않은 선물

적국의 이름으로 불린 불명예스러운 병

앞에서도 언급했지만, 합스부르크 가문과 프랑스는 이탈리아에서의 패권을 둘러싸고 반세기 이상 단속적으로 전쟁을 계속했다. 이것을 이탈리아 전쟁(1494년~1559년)이라고 부른다. 합스부르크 가문 측의 군세에는 스페인인도 있었고, 독일인도 있었으며, 당시의 군대가 대부분 그랬듯이 절반 이상은 용병으로 구성되어 있었다. 이들은 전선에서는 유녀(遊女)를 불렀고 전쟁이 중지되면 고향으로 돌아갔는데, 이와 시기를 같이해서 만연했던 병이 있다. 성 감염증인 매독이다.

매독은 처음엔 한센병과 구별하지 않았던 듯하지만, 이탈리아의 의사인 지롤라모 프라카스토로(1478년~1553년)가 1530년에 〈시필리스 혹은 프랑스병〉이라는 의학시에서 매독의 특징을 논하고 아메리카 대륙에서 유래했다고 추측한 뒤로는 한센병과 확실히 구별하게 된다. '시필리스'는 그리스 신화에 등장하는 소년의 이름이다. 시필리스의 어머니는 아이를 많이 낳은 자신이 최고신 제우스와의 사이에서 아폴론과 아르테미스밖에 낳지 못한 여신 레토보다 더 훌륭하다고 자랑했다. 그러한 탓에 시필리스는 아폴론에게 화살을 맞고 죽었다고도, 또 온몸에 '더러운 습종'이 생기는 저주를 받았다고도 전해진다.

프라카스토로는 한센병과 매독을 구별하기 위해 매독에 이 시필리스의 이름을 붙였다. 그러나 영국과 독일에서는 '프랑스병', 포르투갈에서는 '카스티야병', 폴란드에서는 '독일병', 러시아에서는 '폴란드병', 튀르키예에서는 '크리스천병', 이란에서는 '튀르키예병' 등 다양한 명칭으로 불렸다. 이 중에는 감염 경로를 암시하는 경우도 있었지만, 단순히 싫어하는 나라의 이름을 붙였을 뿐인 경우도 있었다.

매독의 감염 속도는 놀랄 만큼 빨랐는데, 유럽에서 매독이 대유행하는 가운데 사람들의 공통된 인식은 두 가지였다. 이탈리아 전쟁에 참여했던 병사들을 통해 매독이 확산되었다는 것, 매독의 기원은 아메리카 대륙이며 스페인인이 가지고 돌아왔다는 것이다. 다만 아메리카 대륙 기원설이 확실히 입증된 것은 아니며, 유럽에 잠복하고 있었던 것이 때마침 이 무렵에 유행하기 시작했다는 설도 있다.

치사율이 낮기 때문에 미남·미녀의 훈장으로 여기기도

유럽인들은 매독이 성행위를 통해서 감염된다는 사실을 오랜 경험으로 알고 있었다. 또한 만성화되어 사망할 위험성이 큰 병이기는 하지만 잠복 기간이 길다 보니 천연두만큼 무서워하지는 않게 되어 갔다.

매독의 치료약으로는 주로 구아이악 수지가 사용되었다. 구아이악 수지는 서인도제도와 중앙아메리카가 원산지인 유창목에서 채취한 수액이다. 매독이 아메리카 대륙에서 유래했다면 치료에 도움이 되는 약초도 반드시 아메리카 대륙에 있으리라는 발상에서 아메리카 선주민들이 약용으로 복용했던 구아이악 수지에 주목한 것이리라. 그러나 구아이악 수지에는 기대했던 효과가 없었다. 아라비아 의학에서 피부병용 약으로 사용했던 수은이 주성분인 연고를 사용한 적도 있지만, 역시 소용이 없었다. 결국 병원균이 특정된 뒤에야 매독의 위협에서 해방될 수 있었다.

보르자 출신의 교황 알렉산데르 6세와 러시아의 이반 4세, 프랑스의 샤를 8세, 영국의 헨리 8세, 작곡가인 프란츠 슈베르트, 로베르트 슈만, 베드르지흐 스메타나 등, 세계사에 이름을 남긴 유명인 중에도 매독에 감염되었던 것으로 의심되는 사람은 많다. 다만 매독의 병원균은 20세기 초엽이 되어서야 특정되었기 때문에 그 이전에 사망한 인물에 관해서는 어디까지나 추측일 뿐이다.

매독과 공존해야 하는 상황은 약 400년 동안 계속되었다. 그런데 감염과 눈에 보이는 증상을 불명예나 수치로 여기는 시각이 있는 반면에 르네상스기의 이탈리아나 프랑스처럼 '미남·미녀의 훈장'으로 여기는 가치관도 존재했다. 이런 여유로운 자세는 매독이 다른 감염증에 비해 치사율이 낮았기에 생겨날 수 있었을 것이다.

국가가 매춘에 개입할 구실이 되다

또한 19세기 후반의 영국에서는 매독이 의회를 둘로 분열시키는 대논쟁으로 발전한 적이 있다. 논점은 국가의 매매춘 관리가 과연 옳은가 옳지 않은가였다.

사건의 발단은 1864년에 성립된 전염병법이었다. 명칭에는 전염병이라는 말이 들어가 있지만 그 대상은 성병, 그것도 매춘에 초점을 맞춘 법이었다. 군인의 감염 예방에 최선을 다한다는 방침 아래 매춘부의 등록제를 실시하고 군이 관리하는 제도에 따라 정기 검진을 받도록 의무화했는데, 대상 지역이 단계적으로 확대됨에 따라 여성만으로 구성된 영국 부인 협회를 비롯한 다양한 단체가 폐지를 요구하는 목소리를 높여 갔다.

폐지를 요구하는 이유는 단체에 따라 제각각이었는데, 영국 부인 협회는 '법안이 늦은 심야에 상정되어 논의도 없이 신속하게, 그리고 몰래 가결된 점', '1679년에 제정된 인신보호법에 위배된다는 점', '매춘을 더욱 손쉽게 만들었다는 점' 등 8개 항목을 이유로 들었다. 한편 당사자인 매춘부들로서는 공인 병원에서의 구류 기간이 최대 9개월로 너무 길며, 공인 병원에서 퇴원했을 경우에 발행되는 증명서나 매독에 걸리지 않았다는 증명서를 당사자인 여성은 받지 못하고 경찰이 관리한다는 점이 무엇보다 큰 불만거리였다. 또한 개인의 자유를 중시하는 기풍이 강한 영국에서는 당사자인 매춘부 이외에도 많은 사람이 매매춘에 대한 국가의 개입에 저항감을 느꼈다.

여기에 이용자나 등록되지 않은 매춘부는 검진 대상이 아닌 점 등 법 자체에 문제가 너무 많았고 효과도 없었기 때문에 전염병법은 결국 1886년에 폐지되고 말았다. 이탈리아 전쟁을 계기로 유럽 전역에 확산된 매독이, 시간이 흐른 뒤에도 매춘에 대한 국가 개입의 구실로 사용되어 예기치 못한 파문을 불러일으켰던 것이다.

총상 치료에 혁명을 일으킨 파레

다시 이탈리아 전쟁의 이야기로 돌아가자. 이 전쟁에는 매독 이외에도 의학의 역사상 무시할 수 없는 일면이 있다.

유럽에 화약이 전래된 때는 14세기로, 이탈리아 전쟁에서는 총기도 사용되었다. 당연한 말이지만 이에 따라 대포나 총기로 인한 부상(총상)이 급증했는데, 처음에 시행했던 치료는 뜨겁게 달군 인두나 가열한 기름으로 상처를 지지는 난폭한 방법이었기 때문에 고통을 키울 뿐만 아니라 상처를 더욱 악화시켰다. 그런데도 대안이 나오기 전까지는 이 방법을 사용할 수밖에 없었는데, 이탈리아 전쟁에 종군했던 한 프랑스 군의관이 획기적인 대안을 제시했다. 신분이 낮은 이발사 겸 외과 의사에서 왕의 시의까지 올라간 앙브루아즈 파레(1510년~1590년)가 그 주인공이다.

칼을 다루는 직업이라는 이유로 이발사가 산파나 외과 의사를 겸하는 것은 유럽뿐만 아니라 아시아와 아프리카에서도 널리 볼 수 있는 모습이었다. 그들은 대학교의 의학부에서 정식 교육을 받은 의사에 비해서는 낮은 평가를 받았다. 하지만 경험이라는 측면에서는 훨씬 앞서는 만큼 무시할 수 없는 명의도 적지 않았는데, 그 대표적인 인물이 바로 파레였다. 그는 총상에 대해서는 연고나 기름을 사용해 온화한 치료를 했고, 사지를 절단해야 할 때는 불로 지지는 것이 아니라 혈관을 실로 묶어서('결찰'이라고 한다) 지혈하는 방법을 고안해 성과를 올렸다.

파레의 아이디어가 얼마나 효과적인지는 치료를 받은 병사들이 누구보다 확실히 실감했을 것이다. 파레의 평판은 순식간에 널리 퍼졌고, 그는 자신이 고안한 방법을 홍보하고자 《화승총과 기타 화기로 인한 총상의 치료법》과 《두부의 외상과 골절의 치료법》 등 다수의 책을 썼다. 훗날 파레는 외과 의사의 지위의 초석을 쌓았다고 해서 '외과 의사의 아버지'로 불리게 된다.

다만 외과 의사가 진정으로 그 진가를 발휘하게 된 것은 19세기에 마취와 소독이 가능해진 뒤다. 마취와 소독이 없이는 내장 영역의 수술을 할 수 없기 때문에, 이 두 가지가 발명되기 전에는 외상의 치료나 골절, 탈구 등의 치료에 그쳐야 했다.

여담이지만, 18세기에는 수술이 필요하다는 이유로 환자를 주먹으로 때려 기절시킨 사례도 볼 수 있다. 기절시키려고 너무 심하게 때린 나머지 오히려 부상이 더 심해진 경우는 없었는지 걱정된다.

식물약과 동인도 회사

병도 치료약도 신항로를 통해

아시아 항로의 개척을 계기로 약진한 네덜란드

중남아메리카의 대부분을 정복한 스페인은 태평양으로도 진출했고, 1565년부터는 필리핀의 식민지화에 착수하며 대영 제국보다 한 발 빠르게 '해가 지지 않는 왕국'을 건설했다.

카를 5세는 너무나도 광대한 영토를 둘로 나눠서 동생인 페르디난트 1세(1503년~1564년)에게 오스트리아와 체코, 헝가리를, 아들인 펠리페 2세(1527년~1598년)에게 스페인과 시칠리아, 나폴리, 밀라노, 저지대 국가를 물려줬다. 스페인 합스부르크 가문의 상속분만으로도 엄청난

면적이었다.

저지대 국가는 현재의 벨기에와 네덜란드, 룩셈부르크에 해당한다. 이곳은 프랑스를 사이에 둔 스페인의 고립 영토였다. 종교 개혁을 거치면서 저지대 국가의 북부는 프로테스탄트인 칼뱅파의 지역이 되었지만, 남부는 여전히 가톨릭을 믿었다. 여기서 칼뱅파는 프로테스탄트이기는 하지만 독일의 루터가 아니라 스위스의 제네바에서 활약한 프랑스 출신의 종교 개혁가 장 칼뱅에게서 유래한 종파로, 개혁파라고도 불린다.

스페인의 펠리페 2세는 저지대 국가에 압정을 펼쳐, 칼뱅파의 귀족뿐만 아니라 가톨릭을 믿는 귀족도 구별 없이 숙청했다. 이에 종파의 차이를 초월해 연대한 저지대 국가는 스페인의 통치에 본격적으로 저항하기 시작했다. 이것이 역사에서 80년 전쟁(1568년~1648년)으로 불리는 기나긴 전쟁이다.

번잡함을 피하기 위해 지금부터는 저지대 국가가 아니라 네덜란드라고 부르겠다. 스페인과 교전 상태에 들어가자 네덜란드의 배들은 스페인령의 항구를 사용할 수 없게 되었고, 이에 따라 향신료를 비롯한 동방의 산물을 입수할 수 없게 되었다. 그래서 네덜란드는 독자적인 아시아 항로를 개척하기 시작해, 포르투갈이 점령하고 있었던 땅을 가로채는 형태로 거점을 확보해 나갔다. 그 결과 수많은 향신료의 원산지로 주목받았던 말루쿠 제도(몰루카 제도)와 인도네시아의 섬들이 네덜란드의 지배를 받게 되었다.

어느덧 네덜란드의 경제력은 스페인을 능가하게 되었고, 암스테르담은 유럽 금융의 중심지로 성장했다. 유럽 근해의 제해권도 네덜란드가 차지했다. 세계 최초의 패권 국가가 탄생한 것이다. 아시아 해역에서 첨병의 역할을 한 것은 네덜란드 동인도 회사였다. 중소 규모의 상사들이 서로 경쟁해서는 스페인이나 영국에 대항할 수 없다는 이유에서 국가가 주도적으로 통합한 회사다.

린네의 연구도 뒷받침한 레이던 대학교

강국으로 약진한 네덜란드에 인재와 자금이 모여들었다. 인쇄 기술의 보급으로 학문의 수준도 크게 높아져, 벨기에 출신의 렘베르트 도둔스(1517년~1585년)가 1554년에는 《약초서》를 네덜란드어로, 1583년에는 식물학의 집대성인 《약초지》를 라틴어로 저술했다.

같은 시기에 네덜란드의 의학도 눈부시게 약진했는데, 그 중심지는 1575년에 창설된 레이던 대학교였다. 80년 전쟁이 한창이던 때, 암스테르담에서 남서쪽으로 약 40km 떨어진 곳에 위치한 도시 레이던은 오랜 기간 스페인군에 포위 공격을 당하면서도 지원군이 올 때까지 버텨 냈다. 이에 네덜란드의 실질적인 군주였던 빌럼이 분투를 치하하며 네덜란드 최초의 종합대학교를 설립하도록 허가했고, 그렇게 해서 탄생한 학교가 레이던 대학교였다.

16세기에는 실지를 중시한다는 관점에서 의학부를 둔 종합대학교에 약초원이 부설되었고, 그 약초원의 관리자는 일반적으로 의학부 소속인 사람이 맡았다. 약초의 근원이 되는 식물과 평소에 친숙해지는 것이 좋다는 생각에서다. 레이던 대학교에는 1590년에 식물원이 설치되었는데, 곧 식물학 교수인 카롤루스 클루시우스(1526년~1604년)가 약초원으로 변경했다.

레이던 대학교의 약초원은 그것을 계승한 식물원이 지금까지 남아 있기도 한 까닭에 지명도의 측면에서는 독보적이다. 다만 당시의 다른 약초원에 비해 내용이 얼마나 충실했는지는 현재 전해지는 정보량의 편차가 너무 큰 탓에 비교하기가 어렵다. 기록을 봤을 때 훌륭한 시설이었다는 것 정도가 한계다.

당시의 부와 해군력을 생각하면 전 세계의 식물을 모아 왔을 것 같지만, 사실 그런 흔적은 발견되지 않는다. 가령 18세기 초엽에 약초원을 관리했던 헤르만 부르하버(1668년~1738년)가 저술한 식물학 관련 서적의 경우도 유럽 원산의 식물을 중심으로 소개했다.

약초서라고 하면 고대 로마의 디오스코리데스가 쓴《약물에 대하여》(44쪽)가 오랜 세월 동안 권위 있는 책으로서 흔들림 없는 지위를 구축해 왔으며, 이븐 시나의《의학전범》(69쪽)이 그 뒤를 이었다. 이 책은 제2권에서 단순 의약, 제5권에서 복합 의약을 다뤘다. 그러나 이런 책들에서 다룬 약초는 지중해 연안 지역에서 자생하는 것들이기 때문에 알프스 이북의 유럽에 사는 사람들에게는 거의 도움이 되지 않았다. 그런 까닭에 알프스 이북 지역에서는 16세기 이후 그림이 들어

간 새로운 약초서가 잇달아 출판된다. 독일에서는 오토 브룬펠스(1488년~1534년)의 《약초 사생 도감》, 히에로니무스 보크(1498년~1554년)의 《신약초서》, 레온하르트 푹스(1501년~1566년)의 《약초지》가 독보적인 존재였으며, 도둔스(139쪽)의 업적도 그들에 비견되었다.

스웨덴의 박물학자인 칼 폰 린네(1707년~1778년)도 레이던 대학교에서 공부한 시기가 있으며, 그 기간 중인 1735년에 《자연의 체계》라는 소책자를 출판했다. 비록 분량은 14페이지에 불과했지만 그 내용은 매우 높은 평가를 받았다. 이것은 레이던 대학교에 약초원이 없었다면 이룰 수 없었던 공적이 아닐까? 그는 동물, 식물, 광물에 관한 분류체계와 함께 동식물을 속명(屬名)과 종명(種名)의 두 가지 명칭으로 고정하는 '이명법'을 확립하는 등 젊은 나이에 커다란 업적을 이루었다.

의지할 것은 허브 등의 식물약

16~18세기의 유럽에서 식물약으로 많이 이용된 약초로는 후추 등의 향신료, 박하(민트)와 양귀비, 디기탈리스(폭스글로브) 등의 허브를 들 수 있다.

후추는 요리의 맛을 좋게 만들 뿐만 아니라 한방에서는 '온리제'로 분류된다. 온리제란 신체 내부의 오장육부를 따뜻하게 하고 기능을 높이는 생약으로, 식욕 부진이나 구토, 설사, 변비, 복통 등 냉증에서 비롯되는 소화 기능의 저하 전반에 효과가 있다고 알려져 있다. 유럽에서는 후추에 이완 효과나 소화 촉진, 혈액 순환 촉진 등의 효과가 있다고 여겨, 요리의 맛을 내거나 고기를 보존하는 것 이외에도 다양한 용도로 사용했다.

그러나 후추로 대표되는 향신료의 가격이 서민도 손이 닿을 만큼 저렴해진 것은 대항해 시대가 시작된 뒤이며, 그전까지는 박하 등의 허브에 크게 의지했다. 그 이름이 라틴어로 '초목'을 의미하는 단어에서 유래한 것을 봐도 알 수 있듯이, 허브는 유럽의 어느 곳에서든 먼 옛날부터 친숙한 존재였다. 약초로 애용되었지만 그 효용은 종류에 따라 제각각이었는데, 몸의 컨디션이 좋지 않을 때는 일단 약초탕을 마시는 것이 민간요법의 기본이기도 했다.

박하에는 살균, 항염증, 해열 작용이 있어서, 요리에도 사용되었을 뿐만 아니라 약으로서도 민트 티라는 형태로 현재까지 널리 복용되고 있다.

양귀비는 아편이나 모르핀의 원료로, 유럽에서도 옛날부터 진통제로 이용되었지만 한때 기록에서 자취를 감추기도 했다. 그러다 아시아와의 교역이 재개된 뒤 재발견되었고, 17세기에 영국의 토머스 시드남(1624년~1689년)이 아편 팅크를 개발함으로써 양귀비는 의학적으로 근거가 있는 진통제로 널리 쓰이게 된다.

디기탈리스는 유럽 남부 원산의 다년초로, 먼 옛날부터 민간요법제로 널리 이용되고 있었다. 게다가 1785년에는 영국의 윌리엄 위더링(1741~1799년)이 디기탈리스에서 추출한 물질이 수종의 치료약으로써 효과가 있음을 밝혀낸다. 그리고 이것은 훗날 강심제인 디기탈리스제의 개발로 이어진다.

기본적으로 이런 식물약과 약초에 관한 책은 라틴어로 출판되었는데, 17세기 이후에는 라틴어 이외의 언어로 출판되는 책이 많아졌다. 대학교에서 공부하는 사람 이외에도 그 지식이 필요한 사람, 흥미를 느끼는 사람이 많아진 증거라고 봐도 무방하다. 출판 상황은 국가마다 차이가 있어서, 프랑스와 독일에서는 라틴어판이 어느 정도 출판된 데 비해 스페인에서는 라틴어판이 매우 적었고 영국의 경우는 아예 없었다. 다만 그 나라에서 라틴어판 책을 출판하지 않았더라도 다른 나라에서 수입했을 가능성은 있다.

감염원도 치료약도 모두 상선을 통해서 전래된 말라리아

앞에서 이탈리아 전쟁이 유럽에서 매독이 만연하게 된 계기가 되었다고 이야기했는데, 이탈리아로서는 불명예스럽게도 열병인 말라리아 또한 그 명칭이 '나쁜 공기'를 의미하는 이탈리아어에서 유래했다.

말라리아는 말라리아 원충이 일으키는 열병으로, 학질모기를 통해 사람에게서 사람에게로 전염된다. 기원전 4세기까지는 그리스의 풍토병으로 여겨졌고, 히포크라테스도 간헐성 열병으로 인식했다. 로마 시대에 지중해 주변 지역으로 확산되었고, 서로마 제국이 멸망한 뒤에는 한동안 기록에서 모습을 감췄지만 대항해 시대가 시작된 뒤 부활했으며 17~18세기에는 알프스 이북의 유럽에서도 발생하게 되었다. 말라리아로 명명된 것도 이 무렵이다.

19세기의 유럽에서 말라리아가 가장 만연했던 곳은 네덜란드의 폴더였다. 폴더는 저습지를 제방으로 둘러싼 다음 내부의 물을 빼서 조성한 간척지의 총칭이다. 인도네시아에서 기항한 배에 있었던 모기가 이 지역에서 번식해 말라리아를 퍼트린 것으로 생각된다.

더운 지역에서만 발생하는 줄 알았던 병이 알프스 이북 지역에서 발견되었으니 의료 관계자들은 당황했을 것이다. 이곳에서 말라리아에 직접적으로 효과가 있는 약초를 찾아낼 수 있을 리가 없었다. 그래서 열병에 효과가 있다고 알려진 것을 닥치는 대로 시험해 보는 수밖에 없었는데, 그 결과 키나가 효과적임을 알게 되었다. 키나는 남아메리카 안데스산맥에 자생하는 수목으로, 현지에서는 나무껍질을 달여서 열병 치료에 이용했으며 유럽에는 17세기 중반에 전래되었다.

열병 전반이 아니라 말라리아에 특화된 치료약을 제조하려면 유효성분을 추출해야 했다. 그래서 18세기 말부터 추출 시도가 본격화되었고, 결국 1820년에 프랑스의 피에르 조셉 펠르티에(1788년~1842년)와 조셉 비엔나메 카방투(1795년~1877년)가 추출에 성공했다. 이것이 바로 키니네다.

1898년, 영국의 로널드 로스(1857년~1932년)가 말라리아 원충을 발견했다. 그리고 이를 통해 키니네에 말라리아 원충을 죽이고 나아가 그

생식 사이클을 저해하는 작용이 있음도 밝혀졌다. 그 후 키니네에 내성을 지닌 원충이 출현하자 키니네의 구조를 바탕으로 만든 클로로퀸과 프리마퀸 등의 항말라리아제도 개발되었다. 그러나 기존의 항말라리아제에 내성을 지닌 원충이 가까운 미래에 출현하지 않는다는 보장도 없기에 방심은 금물이다.

WHO의 보고서에 따르면 2017년 기준 말라리아의 감염 건수는 연간 약 2억 1,900만 건, 사망자 수는 약 43만 명이 넘는 것으로 추산되고 있다.

말라리아에는 열대열 말라리아, 삼일열 말라리아, 사일열 말라리아, 난형 말라리아, 원숭이 말라리아의 다섯 종류가 있다. 이 가운데 열대열 말라리아는 증상이 나타난 지 24시간 이내에 치료하지 않으면 중증화된다. 현재는 치료약이 존재한다고 해도 언제 어디서나 입수할 수 있는 것이 아닌 까닭에 여전히 적절한 치료 시기를 놓치는 경우가 있다.

19세기의 유럽에서 크게 유행했던 말라리아는 상선을 타고 온 모기를 매개체로 확산되었다. 그리고 말라리아를 치료하는 약 또한 외국에서 배를 타고 운반되었다. 교통의 발달이 가져다주는 긍정적인 측면과 부정적인 측면 양쪽을 모두 명확히 보여 준 사건이었다고 할 수 있다.

column 03

서양의 전통 의학

사람과 마주하는 과학적인 자세가 탄생하고, 새로운 교재도 속속 등장하다

중세에서 근세에 걸쳐 세상은 크게 변화했지만, 의학으로 목숨을 구한 사례는 거의 증가하지 않았다. 획기적인 변화가 나타나 근대 의학이 시작된 시기는 19세기부터이며, 그 전까지는 노력이 별다른 결실을 맺지 못한 채 전통 의학의 시대가 계속되었다.

다만 그렇다고 해서 아무런 변화도 없었던 것은 아니다. 16세기에는 서양의 전통 의학이 기존의 이론과 실지라는 두 축에서 해부학과 식물학을 추가한 네 축으로 변화했다. 그리고 17~18세기가 되자 베살리우스 이후 축적된 해부학의 지식에 현미경의 발견과 하비의 혈액 순환론 등이 더해진 결과 갈레노스의 설에 대한 비판과 반대론이 더는 금기가 아니게 되었다. 대학교에서 시행하는 수업도 교재를 낭독한 뒤 토론을 통해 결론을 내는 강의 스타일에서 인체 해부와 임상 관찰 등 인체 자체와 마주하는 방향으로 무게중심이 이동했다.

또한 인쇄술의 발명과 보급으로 새로운 교재와 저작물이 속속 등장했다. 《아르티셀라》와 《의학전범》이 거의 사용되지 않게 되고 이를 대신해 비텐베르크 대학교의 다니엘 세네르트(1572년~1637년)나 몽펠리에 대학교의 라자르 리비에르(1589년~1655년), 레이던 대학교의 부르하버 등의 저작물이 사용되었는데, 제목은 전부 《의학 교본》이었다. 이 시대의 저작물은 《아르티셀라》나 《의학전범》보다 쉽게 읽을 수 있도록 저술되었으며, 18세기 이전의 전통 의학 교과서의 완성형이라고 말해도 무방할 정도다.

그중에서도 세네르트는 고대 이래의 의학과 자연학을 집대성하고 여기에 자신의 임상 경험을 추가한 방대한 내용의 의서를 저술해 '독일의 갈레노스'로 불렸다. 그가 공부했고 또 교편을 잡았던 비텐베르크 대학교는 종교 개혁이 시작된 곳이기도 하다. 당시

의학 교육의 메카는 이 비텐베르크 대학교 외에 역시 독일의 프랑크푸르트 대학교, 스위스의 바젤 대학교, 프랑스의 파리 대학교, 리옹 대학교, 네덜란드의 레이던 대학교 등이었다.

세네르트와 리비에르의 《의학 교본》은 양쪽 모두 생리학, 병리학, 징후학, 건강학, 치료학의 5부로 구성되어 있었으며, 혈액 순환론은 아직 채용되지 않았다. 부르하버의 《의학 교본》도 역시 5부 구성으로, 인체의 다양한 기관이 섬유나 미세한 관으로 구성되어 있다는 발상 아래 기계론적인 설명을 시도했다. 부르하버는 《잠언》이라는 의학 실지에 관한 저작물도 썼는데, 여기에서는 머리부터 발까지 부위별로 나열하는 기존의 방식을 채용하지 않고 병을 증상과 병태에 따라 구분하는 새로운 방식을 시도했다. 이것이 더욱 발전해 질병 분류학이 탄생했고, 이후 19세기 초엽까지 한 시대를 풍미하게 된다.

부르하버 이후에도 인체와 병에 관한 다양한 이론이 제시되며 인체 기능의 탐구가 진행되었다. 18세기에는 현재의 병원의 직접적인 기원에 해당하는 의료 시설도 탄생했다. 한편, 병의 진단에 관해서는 증상을 호소하는 환자의 말과 의사의 관찰 외에 소변과 맥박 등을 검사하는 것이 여전히 주된 방법이었다. 18세기 후반에는 손가락으로 가슴을 가볍게 두드림으로써 심장에 이상이 없는지 조사하는 타진법이 개발되었지만, 진단 기준을 명확히 설명하지 못했기 때문에 19세기가 된 뒤에야 널리 채용된다.

이처럼 다양한 변화가 있기는 했지만 '증상 = 병'이라는 고대부터 이어져 내려온 전통 의학의 인식은 18세기까지도 달라지지 않았다. 18세기까지의 서양의 전통 의학은 아직 환자를 구할 확률을 크게 높이지 못했다.

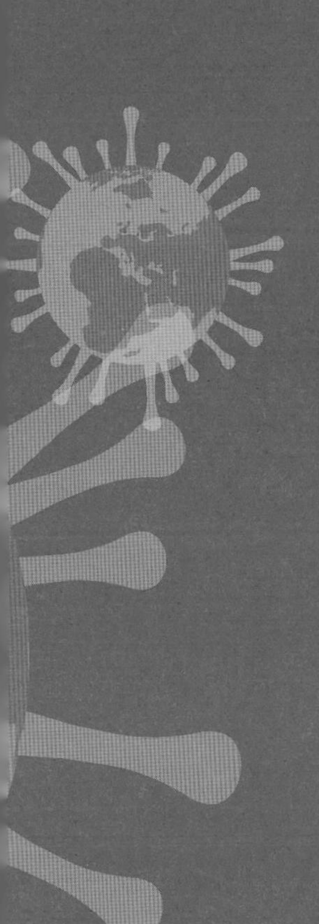

제 4 장

과학의 비약적인 발전

감염증 대책과 산업 혁명

템스강의 악취를 견딜 수 없게 되면서 공중위생이 시작되다

'세계의 공장'에서 진행된 공기와 물의 오염

네덜란드는 세계 최초의 패권 국가였지만, 18세기에는 영국에 그 지위를 빼앗기고 만다. 그리고 19세기에 접어들자 국제 금융의 최대 중심지도 암스테르담에서 런던으로 이동한다. 한편 영국은 인도 등의 해외 식민지를 둘러싸고 프랑스를 상대로 제2차 영국-프랑스 전쟁을 전개하는데, 인도와 북아메리카 대륙에 이어 최종 결전이었던 1815년의 워털루 전투에서도 승리를 거둠으로써 새로운 패권 국가로서 지위를 확립했다.

18세기의 영국에서 시작된 산업 혁명은 19세기에 다른 유럽 국가들로도 파급된다. 산업 혁명을 제일 처음 시작한 영국은 참고할 표본이 없는 상황이었기 때문에 다짜고짜 중공업으로 전환하지 않고 먼저 경공업, 섬유 공업부터 출발했다. 품질에 편차가 있는 수공업에서 기계를 이용한 대량 생산으로 전환한 것인데, 손으로 만든 최고급품에는 미치지 못하지만 일정 수준을 충족하는 동일한 품질의 물건을 대량으로 만들어 냄으로써 단가를 낮추는 데 성공했다. 다만 팔리지 않는다면 의미가 없었고, 국내 시장만으로 생산량을 소화할 수 없다면 남은 방법은 해외 시장을 개척하는 것뿐이었다. 이렇게 해서 산업 혁명은 공업 지대와 항만 도시를 연결하는 교통 혁명, 나아가 식민지와 반식민지의 획득으로 이어졌다.

19세기 중반, 영국은 '세계의 공장'이 되었다. 그러나 이 무렵부터 독일과 미국의 추격이 거세졌고 조금 늦게 러시아와 일본도 경쟁에 뛰어들었다. 당시 독일에서는 오스트리아의 쇠퇴가 두드러지면서 오랫동안 변두리로 취급받았던 프로이센의 존재감이 더 강해졌다.

산업 혁명은 농촌부에서 도시부로 인구의 편중을 촉진했기 때문에 어느 곳이든 산업 도시에서는 도시 문제가 심각해졌다. 이와 동시에 빈부 격차도 확대되어, 빈곤층은 열악한 환경에 빽빽하게 모여서 생활해야 했다. 게다가 공장에서 나오는 매연과 폐수, 나아가 생활용수의 무분별한 방류가 겹친 결과 도시 전체에서 공기와 물의 오염이 진행되었다.

템스강의 악취에 의회와 법원이 심의를 중단하다

영국에서는 1810년에 수세식 화장실이 발명되었지만, 정화 시설이 없이 그저 방류하는 방식이었기 때문에 화장실에서 나온 오물도 취사장에서 나온 오물도 전부 강으로 흘러들어 갔다. 그 결과는 모두가 생각하는 그대로여서, 런던의 템스강은 지독한 악취로 불명예스러운 평판을 얻고 말았다.

아직 병원균의 발견까지 이르지는 못했던 당시엔 '나쁜 공기가 병의 원인이다'라는 생각이 있었다. 더럽고 냄새나는 물건과 장소에서 방출되는 견딜 수 없는 악취 속에 병의 씨앗 같은 것이 있지 않겠느냐고 의심했던 것이다. 1830년대에는 콜레라가 크게 유행했는데, 국책을 좌우하는 위치에 있는 사람들은 이것을 잘 실감하지 못했던 모양이다. 1848년에 질병의 감소와 건강의 증진을 목적으로 급수, 배수, 도로 청소 등의 위생 환경을 정비하는 공공 위생법이 성립했지만, 구체적인 행동에는 미온적이었다. 그래서 템스강의 오염과 악취는 더욱 심해져 갔다.

당시의 인기 주간지 〈펀치〉에는 템스강을 소재로 한 풍자화가 종종 실렸다. 1858년 6월 10일호에는 보트를 타고 노를 젓는 사신이 "돈과 생명 중 하나를 내놓아라"라고 속삭이는 풍자화가 실렸다. 또한 같은 해 7월 3일호에는 공장의 매연 때문에 흐릿하게 보이는 시가지의 건물을 배경으로 동물의 시체가 떠 있는 더러운 템스강에서, 역병의 신으로 보이는 악령이 전염병에 걸린 아이들을 여왕에게 들이밀고,

콜레라에 감염된 어른은 무엇인가를 호소하는 풍자화가 실렸다.

상·하원의 의원과 판사들이 너무나도 심한 악취를 견디지 못해 의회와 법원에서 심의를 중단하는 사건이 일어난 때도 이 무렵이다. 1858년의 런던은 '대악취'의 해로 불린다.

1867년, 마침내 템스강변을 따라서 대형 하수관이 완성되었다. 이것이 영국의 근대 공중위생의 출발점이라고 말할 수 있다. 같은 해에 제2차 선거법 개정이 이루어지고 3년 후에는 초등교육기본법, 그 이듬해에는 노동조합법이 제정되는 등 영국 전체가 크게 변모하려 하는 가운데 일어난 사건이었다.

열악한 위생 환경 속에서 감염증이 유행하다

열악한 환경 속에서 노동자들이 잇달아 병에 걸려 죽어 간다. 산업 사회로 급격한 전환이 진행된 모든 나라, 모든 공업 지대, 모든 인구 밀집 지역에서 볼 수 있었던 현상이다.

세계적으로 봤을 때 가장 큰 위협은 콜레라였다. 본래 인도의 풍토병이었던 콜레라는 1820년대부터 전 세계로 확산되었다. 일본에서도 에도 막부 말기에 외국과 교역이 활발해지자 수년 간격으로 대유행이 발생해 67.5%라는 무시무시한 평균 사망률을 기록했다.

그런데 이런 높은 치사율이 분명 위협적이기는 했지만 사실 1880년대의 감염자 수를 살펴보면 콜레라는 3위에 불과했다. 2위는 장티

〈펀치〉에 실린 풍자화(위: 1858년 6월 10일호 · 아래: 1858년 7월 3일호)

푸스였으며, 1위는 이질이었다. 이질은 혈액이나 점액이 섞여 있는 점액변을 빈번히 배출하는 급성 대장염의 총칭으로, 주로 이질균 등의 세균에 감염되어서 발생한다. 과거에 갈레노스가 《병의 증상의 원인에 대하여》의 제3권에서 언급했던 병도 이질과 비슷한 병으로 볼 수 있을 것이다. 11세기 이후에 편찬된 임상 의학서에도 이질을 복부의 질환 중 하나로 반드시 다뤘다.

기타자토 시바사부로(1852년~1931년)의 제자인 시가 기요시(1870년~1957년)가 이질균을 발견한 해는 1898년으로, 그 후 분변을 통해서 경구 감염된다는 사실도 밝혀졌다. 그러나 그전까지는 감염·발병의 메커니즘을 알지 못했기 때문에 예방법이라고는 위생에 신경을 쓰는 정도밖에 없었다.

분변을 직접 손으로 만지는 사람은 거의 없지만, 감염자가 배변 후에 손을 제대로 씻지 않은 채 무엇인가를 만지고 제3자가 그 무엇인가를 만진 손으로 음식물을 집어 입으로 가져가면 경구 감염이 성립된다. 또한 이질균은 육안으로 볼 수 없기 때문에 발견된 뒤에도 즉시 감염자가 급감하는 일은 없었다.

발견자의 이름을 따서 이질균을 시가균이라고 부르기도 한다. 장의 상피 세포를 파괴하는 독소가 있다는 점은 대장균과 같다. 1966년에 일본 오사카부 사카이시에서 발생했던 O-157은 같은 독소를 지닌 대장균이 원인이 된 감염증이었다. 잊을 만하면 비슷한 감염증이 찾아오는데, O-157은 그 전형적인 예였다고 말할 수 있다.

원인이나 감염 경로를 모르더라도 감염증으로 생각되는 환자가 나타나면 즉시 알려서 정보를 널리 공유한다. 이것이 중요하다. 일본 메이지 정부가 콜레라의 대유행을 거울삼아 1880년에 전염병 예방 규칙을 제정한 것은 적절한 판단이었다. 이때는 콜레라, 장티푸스, 이질, 디프테리아, 발진티푸스, 천연두의 6가지 질환을 법정 전염병으로 지정하고 의사와 지방 자치 단체에 감염자 발생의 보고와 격리를 의무화했다. 그러나 당시 일본인의 건강과 생명을 위협한 질환은 이 6가지만이 아니었으며, 각기병과 결핵도 심각한 위협이었다. 통계에 따르면 1899년부터 1912년까지 14년 동안 일본인의 최대 사망 원인은 폐결핵으로, 매년 7만 명 이상이 사망했다.

결핵은 비말로 감염되는 감염증으로, 병원균인 결핵균은 1882년에 코흐(160쪽)가 발견했다. 1944년에 항생제인 스트렙토마이신이 발견되기 전까지는 효과적인 치료법이 없었기 때문에 일본에서는 결핵이 1950년대 중반까지 '국민병'으로 불리며 두려움의 대상이 되었다.

역병의 원인은 오염된 공기가 아니라 살아 있는 감염원이었다

병원균이 발견되기 전까지는 역병의 원인에 관해 두 가지 설이 있었다. 첫째는 히포크라테스의 시대부터 제창되었던 '미아즈마설'이다. 이것은 지진이나 홍수로 인해 오염된 공기가 원인이라는 설이다. 그리고 둘째는 16세기에 이탈리아의 학자인 지롤라모 프라카스토로(1478년~1553년)가 제창한 '콘타기온설'이다. '콘타기온'은 '살아 있는 감염물'을 의미한다. 병을 일으키는 원인이 되는 무엇인가가 틀림없이 존재한다고 생각한 프라카스토로는 '전염'이라는 개념을 만들어 내고, 감염은 다음의 세 가지로 패턴화된다고 결론지었다.

- 직접적인 접촉을 통한 감염
- 의복 등의 매개물을 통한 감염
- 공기를 통한 감염

어떤 명확한 근거가 있었던 것은 아니지만 소를 관찰하는 과정에서 그런 발상이 떠올랐다고 한다. 비록 '미아즈마설'을 부정하는 데는 이르지 못했지만, 발상이 풍부하고 센스가 상당히 좋은 사람이라고 말할 수 있다. 그가 생각해 낸 가설은 거의 정답이었기 때문이다. 병에 걸리는 원인은 체액의 균형이 무너져서가 아니며, 사람에게서 사람에게로 감염이 일어날 때는 어떤 불순한 물질이 매개체가 되는 것이 아닐까? 확신까지는 못 하지만 이런 막연한 이미지는 형성되어 가고 있었다.

17세기에 네덜란드의 안토니 판 레이우엔훅(1632년~1723년)이라는 애호가는 현미경을 직접 만들어 주변의 물건들을 닥치는 대로 관찰하고는 런던의 왕립 협회에 서한을 보냈다. 그 서한에는 효모와 미생물을 스케치한 것도 포함되어 있었다. 인간의 눈에는 보이지 않는 미생물의 세계로 향하는 문이 열린 것으로, 그 의미는 작지 않았을 것이다. 그러나 안타깝게도 당시엔 그것을 발효나 병의 원인과 연결해서 생각하는 단계까지는 이르지 못했다.

또한 1837년에는 독일의 테오도어 슈반(1810년~1882년)이 발효는 효모의 작용으로 일어나는 것이라고 발표했지만, 이것도 유력한 화학자들의 비판을 받았기 때문에 슈반은 추가 연구를 단념했다.

현미경을 사용한 관찰이라고 하면 슈반과 같은 시기에 활약했던 해부학자인 야콥 헨레(1809년~1885년)의 업적도 빼놓을 수 없다. 현미경을 사용해 인체 조직의 연구를 거듭한 헨레는 1840년에 발표한《병리학적 연구》에서 유행병을 다음의 세 가지로 분류했다.

1. 오염된 공기가 원인이 되어서 발생하는 유행병(말라리아 등)
2. 오염된 공기에 전염원이 생겨나서 전염되는 미아즈마적 전염병(천연두, 홍역, 성홍열, 콜레라, 페스트 등)
3. 처음부터 전염원에서 발생하는 병(매독, 옴, 광견병 등)

그는 전염원의 본체에 관해서는 '살아 있는 전염원'이 틀림없다고 결론을 내렸지만, 전염원은 어디까지나 병의 원인일 뿐 씨앗에 해당하는 것이 아니라고 강조했다. '2'와 '3'은 정답이었으므로 대단한 통찰력이라 할 수 있다. 헨레는 전염병의 원인에 관한 당시의 견해를 훌륭히 정리했기에 '근대 병리학의 선구자'로도 불린다.

순수 배양 기술이 발전해 결핵균과 콜레라균을 발견하다

직접적인 연결성은 없지만 형식적으로는 이런 선인들의 연구를 계승한 인물이 프랑스의 루이 파스퇴르(1822년~1895년)다. 화학자이자 미생물학자였던 파스퇴르는 알코올 제조 회사로부터 사탕무당의 발효 장애에 관한 고민을 듣고 연구를 진행했다. 그 결과 1860년에 알코올의 발효는 미생물의 작용으로 일어나는 것임을 밝혀내고 그 미생물을 '효모'라고 명명했다. 또한 같은 해에 부패의 원인은 공기 속에 존재하는 미생물이며 미생물이 자연 발생적으로 생겨나지는 않음을 실험으로 증명했다.

그 후에도 발효에 관해 연구를 거듭하는 가운데 전염병의 연구에도 힘을 쏟은 파스퇴르는 균의 순수 배양법을 개발하고 이것을 활용해 각종 균을 발견했으며, 광견병의 예방 접종을 인체에 최초로 응용해 수많은 생명을 구했다. 그리고 1888년에는 파리 과학원에서 광견병 치료를 위해 설립한 파스퇴르 연구소의 초대 소장이 되었다.

1860년에 파스퇴르가 시행한 연구는 이윽고 조지프 리스터(184쪽)의 방부 수술법 개발(1867년)로도 이어졌는데, 파스퇴르 자신은 균의 적절한 배양법을 발견하지 못해 연구가 한때 답보 상태에 머물러야 했다. 그리고 이런 상황 속에서 단번에 두각을 나타낸 인물이 있었으니, 바로 독일의 세균학자인 로베르트 코흐(1843년~1910년)다.

코흐는 대학교 의학부에서 학위를 취득한 뒤 지방 보건국의 기사로 일하는 가운데 여가 시간을 이용해 연구를 거듭했다. 그리고 이윽고 탄저균이나 상처 감염의 원인균에 관한 논문이 인정을 받아 신설된 위생국에 채용되었다. 그곳에서도 그는 세균의 염색법과 평판 배양법 등을 개발했으며, 1882년에는 결핵균, 1884년에는 콜레라균을 발견하는 등 업적을 쌓아 나갔다. 또한 1891년 베를린에 감염증 연구소가 신설되자 초대 소장에 취임해 기타자토 시바사부로와 에밀 아돌프 폰 베링(1854년~1917년), 파울 에를리히(225쪽) 등의 뛰어난 제자를 키워냈다.

파스퇴르가 이루지 못한 것을 코흐가 이룰 수 있었던 이유는 기술적인 측면의 영감 덕분이었다. 샬레(페트리접시) 위에 한천을 두르고 그 위에 병원균을 배양하는 방법을 생각해 냄으로써 한 걸음 앞으로 나아갈 수 있었던 것이다.

그런데 이처럼 '근대 세균학의 시조'로 불리기에 손색이 없는 코흐도 커다란 실수를 하나 저질렀다. 결핵 치료를 위해서 개발한 투베르쿨린이 전혀 효과가 없었던 것이다. 다만 투베르쿨린은 현재도 결핵 감염 여부를 판정하는 데 사용되고 있으므로 그의 노력이 완전히 헛수고였던 것은 아니다.

직접적인 교류는 없었지만 레이우엔훅에서 슈반과 헨레, 파스퇴르를 거쳐 코흐에게 전달된 연구의 씨앗은 훌륭히 꽃을 피웠고, 그 결과 19세기 말부터 20세기 초엽에는 세균학이 최첨단의 학문이 된다. 오늘날의 분자생물학이나 면역학에 해당하는 위치에 세균학이 있었다고 할 수 있다.

병원균들이 차례차례 발견되는 상황 속에서 코흐의 제자들은 그 감염증의 병원체가 어떤 미생물인지 특정하는 지침으로 다음의 네 가지를 제시했다.

- 질환 부위에서 미생물이 전형적으로 증명된다.
- 질환 부위에서 병변에 의미가 있는 미생물이 순수하게 배양된다.
- 배양한 미생물을 접종했을 때 병이 또다시 발생한다.
- 접종한 동물에서 얻은 미생물을 다시 건강한 동물에 접종했을 때 같은 병이 발생한다.

이것을 '코흐의 원칙'이라고 부른다.

감염증 대책이 국가 과제가 되다

병원균의 발견과 세균에 관한 연구가 진행되자 감염증의 예방과 감염증이 유행할 때의 대책에 대한 국가의 역할이 부각되기 시작했다.

문학가들은 특히 이 점에 민감해서, 가령 독일 출신의 소설가인 토마스 만(1875년~1955년)은 감염증을 종종 소재로 삼았다. 그가 1924년에 발표한《마의 산》은 스위스의 결핵 요양소를 무대로 한 장편 소설로, 제6장의 '정신적 수련'에서는 합리주의자와 비합리주의자가 병과 인간의 관계를 놓고 치열한 논쟁을 벌인다. 또한 1912년에 발표한《베네치아에서의 죽음》은 행정 당국이 콜레라의 유행에 부적절하게 대응한 탓에 주인공이 목숨을 잃는 이야기다. 이 작품에서 만은 감염증 같은 중대한 위기가 발생했을 때는 인도적인 관점에서도 국가가 적극적으로 개입하고 대응해야 한다고 호소했다.

국가가 전액을 부담하는 예방 접종은 적극적인 개입의 모범 사례다. 결핵을 예방하는 백신인 BCG가 개발된 때는 1921년이다. BCG는 프랑스의 내과 의사이자 세균학자, 면역학자인 알베르 칼메트(1863년~1933년)와 역시 프랑스의 수의사이자 세균학자, 면역학자인 카미유 게랭(1872년~1961년)이 개발했다. 두 사람은 19세기부터 파스퇴르 연구소 릴 지부에서 함께 연구한 결과 개발에 성공했다. 최초의 백신은 중증 결핵에 걸린 여성이 목숨을 잃기 직전에 낳은 신생아에게 접종됨으로써 그 아이의 생명을 구했으며, 이후 BCG는 전 세계에서 널리 이용되었다.

산업 혁명은 도시부의 인구 집중을 유발했고, 이것은 빈부 격차의 확대와 위생 환경의 악화로 이어졌다. 도시는 감염증에 취약한 상태가 되었다. 그러나 인류도 그저 당하고만 있지는 않았다. 의료에 과학의 힘을 도입해 병의 원인을 밝혀내고 진단과 치료 기술을 개발함으로써 감염증에 맞섰다. 과학이 비약적으로 발달한 19세기는 감염증의 박멸을 향해 첫걸음을 내디딘 시기였으며, 그와 동시에 국제 질서의 변동기이기도 했다.

콜레라와 벨 에포크

콜레라가 탄생시킨 꽃의 도시 파리

슬럼화된 파리에서 콜레라가 크게 유행하다

병 중에는 생활환경에서 기인하는 것이 많은데, 이 사실을 어렴풋이 깨닫자 독일의 막스 폰 페텐코퍼(1818년~1901년)를 출발점으로 인체에 영향을 끼치는 인자를 규명하려는 연구가 시작되었다. 위생학이 탄생한 것이다. 위생학의 목적은 개인과 사회의 건강을 유지, 증진하고 질병을 예방하는 것으로, 19세기에는 콜레라와 페스트, 말라리아, 천연두, 광견병 등이 가장 중요한 연구 대상이었다.

앞에서도 이야기했듯이, 콜레라는 본래 인도의 풍토병이었지만 영국이 인도의 식민지화를 진행하는 과정에서 전 세계에 확산되고 말았다. 1854년에 런던의 소호 지구에서 콜레라가 유행했을 때, 내과 의사인 존 스노(1813년~1858년)는 감염자가 어디에서 물을 얻고 있었는지 조사해 콜레라의 발생원이 된 급수 펌프를 특정해 냈다. 병원균의 발견에는 이르지 못했지만, 스노는 의회를 끈질기게 설득해 이듬해에 그 펌프를 사용하지 못하게 함으로써 감염이 더욱 확대되는 것을 저지했다. 그리고 이 일을 계기로 런던 전체에서 상하수도의 정비를 진행하게 되었다.

파리에서는 런던보다 앞선 1832년에 콜레라의 첫 번째 대유행이 있었다. 사망자의 수는 약 2만 명에 이르렀으며, 당시 총리였던 카지미르 페리에도 희생자 중 한 명이었다. 또한 이 시기에 국왕 루이 필리프 1세(재위 1830년~1848년)가 다음 총리를 좀처럼 임명하지 않아 5개월이나 정치적 공백이 발생한 탓에 피해가 더욱 확대된 측면도 있었다. 요컨대 인재(人災)이기도 했던 것이다.

피해가 확대된 또 다른 요인으로는 파리 시내의 인구 과밀과 비위생적인 생활환경도 있었다. 파리는 본래부터 유럽에서 1, 2위를 다투는 대도시였지만, 나폴레옹 1세 시대에 인구가 유입된 결과 빈곤층이 인구의 대부분을 차지하는 상황이 되어 있었다. 이처럼 빈곤 인구가 급증한 이유는 나폴레옹이 제1통령과 황제로 있었던 14년 동안 파리 전체를 장엄하게 장식하는 대규모 공공사업을 추진했기 때문이었다. 14년 동안 투입된 공공사업비는 18세기의 100년 동안 시행된 공공사업비를 합친 것보다도 많았다. 1808년과 1809년의 정부 예산에서는 세출 총액에서 공공사업비가 차지하는 비율이 10%를 넘어섰다.

영광과 번영을 과시하기 위해 튀일리와 루브르 등의 궁전을 개축하고, 에투알과 카루젤의 개선문, 피라미드 거리, 오스테를리츠 다리, 이에나 다리, 마들렌 성당, 증권 거래소, 방돔 광장 기념비 등 장엄한 건조물을 건설했다. 서민 생활과 직접 관계가 있는 것으로는 다수의 연못과 가로등의 설치, 하수도와 도매 시장, 운하의 건설, 몽파르나스와 몽마르트르 등 묘지의 정비 등도 시행되었다.

요컨대 파리 전체가 거대한 작업장이 되었다. 노동자의 대부분은 지방 출신자였으며, 그들의 틈에 섞여서 다수의 징병 기피자와 탈주병도 파리로 흘러들어 왔다. 그들은 정규 노동자 수첩을 갖지 못했기 때문에 정식으로 취직하기는 어려웠다. 또한 정식으로 취직했던 자도 1810년부터 2년 동안 계속된 공황으로 대부분이 일자리를 잃었다. 여기에 본래부터 있었던 실업자까지 더해져서 파리는 빈곤자로 넘쳐났다. 역사가인 아델린 도마르의 연구에 따르면, 왕정복고기(1814년~1930년)의 파리에서는 주민의 75~80%가 빈곤자였으며 장례비용을 낼 능력이 없는 사망자가 80%를 넘겼다고 한다. 또한 1820년의 사망자 가운데 남길 유산이 없는 자의 비율은 68%에 이르렀다.

소설 《파르마의 수도원》과 《적과 흑》 등으로 알려진 문호 스탕달(1783년~1842년)은 프랑스 동부에 위치한 그르노블의 부유층 출신이다. 그는 파리를 방문했을 때 느낀 환멸감이 어지간히 강했는지, "거리에서는 심한 악취가 나고, 한 걸음만 걸어도 진창에 빠져 진흙투성이가 된다"라고 썼을 뿐만 아니라 그런 환경에서 생활하는 파리 주민을 '야만인'이라고 경멸하기까지 했다.

물론 파리 전체가 그랬던 것은 아니며, 샹젤리제 거리나 후와얄 거리, 생 앙투안 거리 등의 중심가는 항상 아름다운 경관을 유지했다. 다만 이것은 반대로 말하면 그 밖의 골목은 어디든 참담한 상태였다는 의미이기도 하다. 파리의 발상지로 여겨지는 시테 지구조차도 허름한 판잣집이 일대에 펼쳐져 있었으며, 저렴한 임대료에 이끌려서 모인 빈곤자들로 넘쳐나고 있었다.

이런 곳에서 콜레라가 발생하면 어떻게 될지는 누구나 예상할 수 있을 것이다. 여기에 정치적인 공백도 겹치면서 대유행을 피할 수는 없었다.

상하수도를 정비해 꽃의 도시로 새롭게 태어나다

나폴레옹이 몰락함에 따라 부활한 부르봉 왕조는 외세에 의지한 탓에 민심을 장악하지 못했다. 그 결과 콜레라가 크게 유행하기 조금 전인 1830년 7월의 민중 봉기에 쓰러지고 말았고, 방계인 루이 필리프를 국왕으로 세운 7월 왕정이 시작되었다. 루이 필리프는 프랑스 혁명에도 참여했던 열린 인물이기는 했지만, 의회 주도의 입헌 군주제를 좋아하지 않았기 때문에 내각·의회와 종종 대립했다.

정부와 의회 밖에서는 부르봉 왕조의 정통 후계자를 앞세워 왕정 복고를 노리는 왕당파와 공화제로 이행을 주장하는 공화파가 각각 암약하고 있었다. 이로 인해 파리 등의 대도시에서는 폭동이 끊이지 않았으며, 콜레라가 유행하기 시작한 1832년에는 서툰 행정 처리에 대한 불만이 높아짐에 따라 노동 쟁의 등에서 촉발된 폭동이 파리에서 일상적으로 일어났고 골목에는 바리케이드가 설치되었다.

국왕은 계엄령을 발동해 무력 진압을 시도하는 동시에 망명지에서 극비리에 귀국해 내란을 획책하던 베리 여공작을 체포하는 등 치안을 회복하기 위해 노력했다. 그러나 콜레라에 대해서는 이렇다 할 대책을 마련하지 못했다. 왕당파와 공화파에 대처하는 것만으로도 벅찬 상황이라 민정까지는 신경을 쓸 겨를이 없었는지도 모른다.

나폴레옹 1세의 동생 루이 보나파르트의 셋째 아들인 루이 나폴레옹(1808년~1873년)은 1848년에 2월 혁명이 일어나자 망명지에서 귀국해 정권을 잡았으며, 그런 상황을 먼 곳에서 지켜보며 마음속으로 대책을 세워 놓고 있었다. 프랑스 최초의 대통령으로 선출된 그는 1851년에 쿠데타를 일으켜 입헌 의회를 해산한 뒤 개헌을 위한 주민 투표를 실시했으며, 이듬해에 신헌법을 발포해 대통령의 임기를 10년으로 연장했다. 그리고 이어서 제정(군주 정치) 복귀 여부를 묻는 국민 투표를 실시해 압도적 다수의 지지를 얻어 냄으로써 나폴레옹 3세(재위 1852년~1870년)로 즉위했다.

당시의 의학과 과학으로는 콜레라가 유행하는 메커니즘을 밝혀낼 수 없었지만, 많은 사람이 센강의 악취와 콜레라의 관련성을 의심하고 있었다. 나폴레옹 3세는 자신이 센 현의 지사로 발탁한 조르주 외젠 오스만(재직 1843년~1870년)과 함께 도시 위생을 포함한 파리의 대개조에 착수했다. 이것은 나폴레옹 1세가 시행했던 공공사업과는 성격이 달랐다. 나폴레옹 3세가 실시한 대개조는 영광의 과시라는 점에서는 일치하면서도 실용과 근대 문명의 과시에 중점을 두고 있었다.

이런 차이가 생긴 배경에는 시대의 요구가 자리하고 있었다. 영국보다 크게 늦어지기는 했지만 프랑스에서도 드디어 산업 혁명이 본격화된 결과, 기존의 생활 폐수에 공업 폐수까지 더해지면서 무분별한 이용을 제한하고 안전한 물을 확보하기 위해 최선을 다해야 할 필요가 생겼다. 또한 도시 지역의 인구 집중이 가속되었기 때문에 도시 기능이 마비되는 사태를 피하기 위한 대책도 사전에 강구해야 했다.

파리의 도시 개조는 경관 자체를 바꾸는 것이었다. 중심부의 구불구불한 도로와 빈민굴을 일소하고 직선의 넓은 대로를 동서남북으로 관통시키는 등 도로 교통망을 철저히 정비했다. 여기에 루브르 궁전을 개축하고 새로운 오페라 하우스와 중앙 시장 등의 공공 건축물을 건조했으며, 아파트의 높이를 일정 높이로 규제하고 도로 조명을 대폭 증설했다. 성벽 밖에 넘쳐나던 거주구를 성 안쪽으로 편입하고 파리 시를 기존의 12구에서 20구로 재편하는 등의 조치도 시행했다. 경관에도 신경을 쓴 현재의 파리의 원형이 이 시기에 정비되었다.

핵심인 위생 대책으로는, 뒤강과 반강에 운하를 건설함으로써 상수도를 확보하고 파리보다 하류의 센강으로 하수를 집중 배수하기 위해 대하수도 공사를 시행하는 등 1870년까지 상하수도의 전면적인 재편을 완료했다. 그 덕분에 적어도 물을 매개로 한 감염증의 유행은 대폭 억제되었다.

파리를 '꽃의 도시'로 바꾼 가장 큰 공로자는 콜레라였다고 해도 과언이 아닐지 모른다. 새롭게 탄생한 파리는 소비 문화가 꽃을 피우며 '좋은 시대'를 의미하는 '벨 에포크'라는 말이 잘 어울리는 도시가 되었다.

다만 파리 대개조가 좋은 결과만 가져다준 것은 아니었다. 중심부에서 살 수 없게 된 빈곤층이 새로 개발한 지역으로 이주하면서 소득에 따라 주거지가 명확히 나뉘게 되어 파리 시민 사이에 커다란 분단이 발생한 것도 이 시기였다.

병리 해부와 나폴레옹

비소 독살설을 뒤엎은 최첨단 기술

몸속을 가시화해 병의 원인을 밝혀내다

시계를 조금 앞으로 되돌려 보자. 1815년 6월 18일에 벌어진 워털루 전투에서 패배한 나폴레옹 1세는 남대서양에 떠 있는 세인트헬레나섬으로 유배되었다. 이전에 티레니아해의 엘바섬에서 별다른 어려움 없이 탈출한 과거가 있기에 탈출이 불가능한 곳으로 보냈을 것이다.

그로부터 6년 후인 1821년 5월 5일, 나폴레옹은 세인트헬레나섬에서 세상을 떠난다. 이와 관련해 나폴레옹이 비소에 중독되어 죽었다는 설도 나돌았지만, 근거는 희박하다. 당시 코르시카 출신자를 포함한 의사 16명의 입회 속에서 부검이 시행되었는데, 그 부검 보고서에는 위의 출혈을 동반한 진행 악성 종양으로 기록되어 있다. 최근에 공개된 나폴레옹 담당 의사의 수기에도 나폴레옹이 '두통, 우반신의 통증, (상당한) 고열, 가슴 두근거림'과 함께, '전신성 불안 장애와 억압감'에 시달렸으며 본인이 심한 통증을 호소했기 때문에 좌측 윗니 하나를 뽑아야 했다는 내용 등이 적혀 있었다. 이 기사를 쓴 CNN은 위암설이 농후해졌다고 결론지었다.

여기에서 등장한 '부검'은 '병리 해부'의 약어로, 사망 원인이나 병변의 본체, 종류, 정도 등을 조사하기 위한 해부를 뜻한다. 병리 해부 등의 몸속을 가시화하는 진단 기술은 바로 이 무렵부터 널리 보급되기 시작했다.

인체의 해부 자체는 14세기에 시작되었다. 그러나 처음에는 정상적인 인체의 구조를 규명하는 계통 해부의 성격이 강했으며, 병리 해부의 지침이 확립되기까지는 상당한 세월이 소요되었다. 인체의 구조는 어떤 사람이든 같지만 장기의 상태는 병에 따라 달라진다. 또한 건강한 장기는 어떤 상태인지, 그것이 어떻게 변화하면 자각 증상이 나타나는지, 그리고 어떻게 되면 죽음에 이르는지 등을 먼저 밝혀내 진단의 기준을 확립해야 했다.

해부의들이 도전을 계속하는 가운데 최초로 걸출한 업적을 남긴 인물은 이탈리아의 조반니 바티스타 모르가니(1682년~1771년)다. 자신의 해부학 소견을 바탕으로 쓴 《해부학 잡록》(1719년)도 금자탑적인 저작물로 평가받지만, 만년에 쓴《해부를 통해 밝혀진 병의 자리와 원인》(1761년)은 그보다도 더 높은 평가를 받았다. 그때까지도 병리 해부의 소견에 관한 보고서가 아주 없었던 것은 아니지만, 다수의 병원체의 병리 소견을 한 권에 정리한 책은 이것이 최초였다. 이를 통해 모르가니는 병리학 해부의 창시자로서 역사에 이름을 남기게 되었다.

똑같이 뇌졸중으로 사망한 환자라 해도 해부를 해 보면 뇌 속에서 출혈이 발견되는 경우가 있는가 하면 뇌 속에 물이 고여 있는 경우도 있다. 사후라고는 해도 몸속의 가시화가 진행됨에 따라 병리 해부는 병의 원인을 밝혀내는 연구 수단으로서 주목받게 된다.

병리 해부의 유용성과 필요성을 널리 인지하게 된 배경으로는 18세기의 유럽에서 병원이 구빈 시설이나 격리 시설이 아닌 의료 기관의 성격을 강화하면서 대형 병원이 잇달아 만들어진 것, 병원에서 사망하는 환자가 늘어난 것 등도 빼놓을 수 없다. 해부 사례가 증가하기 시작해 충분한 근거를 얻을 수 있게 된 것이다. 생전의 경과 관찰만으로는 알 수 없었던 것들이 병리 해부를 통해 밝혀져 갔다. 해부 실적이 쌓일수록 고대부터 이어져 왔던 체액의 불균형이 병의 원인이라는 생각은 힘을 잃어 갔고, 사람들은 장기의 병변이 병의 본체라고 생각하게 되었다.

과도기에는 거머리에게 피를 빨게 하는 어처구니없는 치료법도 존재했다

유럽 중에서 어디가 최첨단이었는지는 선불리 단정하기 어렵지만, 프랑스의 경우 교회의 힘이 크게 약해진 프랑스 혁명 이후에 의학, 특히 병리학의 진보가 두드러졌다. 안타깝게도 요절하고 만 마리 프랑수아 그자비에 비샤(1771년~1802년), 샹파뉴 출신의 장 니콜라 코르비사르(1755년~1821년)와 피에르 샤를 알렉상드르 루이(1787년~1872년), 오랫동안 파리 의학계의 일인자로 평가받았던 가브리엘 안드랄(1797년~1876년), 장 크뤼벨리에(1791년~1874년) 등 파리 학파로 불리는 사람들이 큰 공적을 남겼다.

그중에서도 프랑수아 조셉 빅토르 브루세(1772년~1838년)라는 의사는 기존의 의학을 공격하는 과격한 학설로 한 시대를 풍미한 이색적인 인물이었다. 그는 병리 해부 경험을 바탕으로 히포크라테스 이래의 온갖 의학과 동시대의 의학을 비판했다. 여기까지는 큰 문제가 없었지만, 대부분의 병이 폐와 위의 염증에서 유래하며 외부의 자극이 정상적인 기능을 저해해 병을 일으킨다는 '생리학적 의학'을 표방하고 거머리를 사용한 사혈(혈액을 뽑아내는 것)을 장려하는 어처구니없는 방향으로 폭주했다.

더 큰 문제는 브루세의 학설을 열렬히 지지하는 신봉자가 많았다는 것이다. 그들은 결핵이나 류머티즘, 정신병에 이르기까지 온갖 병의 치료 목적으로 거머리를 이용했다. 이 때문에 대량의 거머리가 소비되었고, 국내의 거머리만으로는 부족해 외국에서 수입해 오느라 거머리의 수입량이 폭발적으로 증가했다고 한다. 이것은 일종의 사회 현상이라고 부를 수 있을 정도의 열풍이었다. 그러나 1832년에 콜레라가 크게 유행했을 때 이 치료법이 아무런 효과가 없음이 밝혀지면서 브루세의 학설은 급속히 힘을 잃었고, 그의 신뢰도도 추락했다.

물론 전성기의 브루세에게 이론을 제기한 사람들도 있었다. 샹파뉴 출신인 피에르 샤를 알렉상드르 루이도 그중 한 명이다. 그는 결핵이 온몸에 퍼지는 병이라는 사실, 장티푸스가 위염과는 독립된 질환이라는 사실을 밝혀낸 인물이다. 브루세와 논쟁을 거듭하던 그는 사혈에 효과가 없음을 정량적으로 증명하는 논문을 1835년에 발표했는데, 이 논문은 이미 실추되기 시작했던 브루세 개인과 그의 학설에 대한 권위에 결정적인 타격을 입혔다.

다만 루이는 거머리를 이용한 사혈의 치료 효과를 부정하면서도 그것을 대신할 효과적인 방법은 제시하지 못했다.

병의 개념이 '증상'에서 '장기의 병변'으로

당시의 의료는 아직 경험이 최고의 재산이었다. 과학적 근거에 바탕을 둔 의료가 아니었던 것이다. 병리 해부는 과학적 근거를 향해 나아가기 위한 입구이기는 했지만, 생전의 상태와 비교할 수 없다면 앞으로 나아갈 수 없다. 사후 진단은 할 수 있지만 살아 있을 때 치료할 방법은 찾아내지 못하는 딜레마에 빠져 있었다.

프랑스 이외의 국가로도 눈을 돌려 보자. 영국에서도 18세기 말엽부터 병리 해부가 활발해졌다. 1827년에는 리처드 브라이트(1789년~1858년)라는 의사가 성홍열 발병 후에 단백뇨와 전신 부종을 보이며 사망한 환자를 병리 해부하다 신장에 육안으로 확인 가능한 병변이 있음을 발견하고《증례의 보고》를 발표했다. 이 발견으로 신장병을 브라이트병이라고 부르게 된다. 성홍열 발병 이후 단백뇨, 전신 부종을 거쳐 신장에 병변이 나타난다. 이것이 하나의 흐름임이 판명된 것이다.

브라이트의 공적에 자극을 받았는지, 얼마 후 뇌의 병변도 발견된다. 뇌졸중으로 사망한 사람을 병리 해부한 결과 출혈 등 뇌의 병변이 발견되었고, 이를 통해 비로소 양자의 상관관계가 밝혀졌다.

이처럼 병리 해부가 거듭됨에 따라 병에 대한 관점이 기존의 '병 = 증상'에서 '병 = 장기의 병변'으로 바뀌어 갔다. 또한 어떤 장관에 병변이 일어나면 어떤 증상이 나타나는지에 관해서도 점점 인식하게 되었다.

독일어권에서 특히 중요한 인물은 카를 폰 로키탄스키(1804년~1878년)와 루돌프 피르호(1821년~1902년)다. 로키탄스키는 내장의 상태 등의 병리 해부 소견이 임상 진단에 도움이 되며 과학적 근거가 됨을 제시했다. 온갖 병의 원인을 혈액 순환의 이상에서 찾으려 해 격렬한 비판을 받기도 했지만, 병리학이라는 학문의 체계화를 처음으로 시도한 인물이다. 한편 피르호는 세포설에 입각해 세포의 병적 변화를 통해서 병의 원인을 설명했으며, 백혈병의 명명자다. 또한 "모든 세포는 세포에서"라는 표어를 퍼트려 세포가 생명의 최소 단위라는 원칙을 강하게 각인시킨 인물이기도 하다.

당시의 의료 사정에 관한 설명이 길어졌는데, 다시 나폴레옹의 이야기로 돌아가자. 아직 여명기였기는 하지만 나폴레옹의 병리 해부 기록은 더할 나위 없이 귀중한 자료였다. 끈질기게 이야기되던 암살설에 대한 유력한 반론이 되었기 때문이다.

타진법·청진기·체온계도 이 무렵에 발명되었다

이 시대에 발명된 진단 기술에 관해서도 언급하고 넘어가겠다.

다시 한번 말하지만, 내과적인 병의 경우 병리 해부가 시작되기 전까지는 '증상 = 병'으로 취급했으며, 겉으로 나타나는 증상에만 주목했다. 그러다 병리 해부를 통해 병이란 내장의 병변이며 두통이나 설사 등은 그 증상에 불과함이 밝혀지게 되었다. 다른 식으로 표현하면, 병과 증상이 분리되면서 병의 실태 해명에 크게 다가간 것이다. 이런 의미에서 병리학은 근대 의학의 시작을 알린 주역 중 하나라고 볼 수 있다.

그러나 사실 병리 해부만으로는 아직 부족했다. 장기의 병변과 생전의 증상을 연결 지을 수단이 필요했던 것이다. 기존에는 환자의 이야기, 겉으로 본 소변의 상태, 맥박의 성질과 상태, 호흡 상황 등을 판단 재료로 삼았는데, 여기에서 더해서 무엇을 할 수 있고 무엇이 효과가 있는지 모색해야 했다.

병의 상태 파악과 진단에 효과적인 수단으로서 19세기에 확립된 것으로는 타진법과 청진, 체온 측정을 꼽을 수 있다.

타진법은 신체의 특정 부분을 손가락 등으로 두드렸을 때 생긴 진동을 소리로써 청취하는 방법이다. 구체적으로 이야기하면, 폐 부분과 심장 부분은 울림이 다르다. 또한 폐에 병변이 있으면 물이 차기 때문에 소리가 확연히 달라진다. 심장의 크기도 어느 정도 알 수 있고, 나쁜 부분이 퍼져 있는지 어떤지도 소리만으로 판별이 가능하다. 이처럼 병변을 어느 정도 알 수 있는 까닭에 타진법은 흉부를 진찰할 때 효과적으로 여겨졌다.

타진법을 발명한 사람은 빈의 의사인 레오폴드 아우엔브루거(1722년~1809년)다. 그런데 타진법은 독일어권의 의학계에서는 주목을 받지 못했다. 아마도 당시의 의사가 품위를 중시해 환자의 몸을 직접 만지는 것을 꺼렸던 것이 한 가지 요인으로 생각된다. 또한 그의 논문인 〈인간 흉부 타진의 새로운 고안〉(1761년)이 굉장히 짧은 데다가 병의 식별 기준이 되는 소리의 차이를 명확하게 설명하지 못했던 것도 타진법의 경시로 이어졌다고 생각된다.

그런 상황 속에서 아우엔브루거의 연구에 주목한 인물이 있었다. 심장과 대혈관의 질환에 관해 연구를 거듭하던 파리의 코르비사르

(174쪽)다. 두 사람이 직접 교류하지는 않았지만, 코르비사르는 1808년에 〈인간 흉부 타진의 새로운 고안〉의 프랑스어 번역판을 세상에 내놓았으며 이를 계기로 타진법이 새로운 신체 검사법으로써 보급되기 시작했다.

두 번째 수단인 청진기는 파리의 르네 라에네크(1781년~1826년)가 발명했다. 어느 날 뚱뚱한 젊은 여성을 진찰하게 된 라에네크는 타진을 시도했지만 소리가 잘 들리지 않자 종이를 둘둘 말아서 대롱을 만든 다음 한쪽은 환자의 몸에, 다른 쪽은 자신의 귀에 대 봤다. 그랬더니 놀랄 만큼 심장 소리가 잘 들리는 것이 아닌가? 이 일을 계기로 3년 동안 연구를 거듭한 그는 청진기를 사용해 심장과 폐의 질환을 진찰하는 방법과 병리 해부 소견과의 관계를 정리한 《간접 청진법》(1819년)을 저술했다. 여기에는 병리 해부에 관한 그림도 실려 있었다.

환자의 호소를 중시하는 기존 의사들은 라에네크의 청진법을 강하게 비판했지만, 지지하는 의사들도 많았다. 특히 빈 대학교의 요제프 스코다(1805년~1881년)는 《타진청진논집》(1839년)을 저술함으로써 간접 청진법을 지원했고, 이에 따라 간접 청진법은 새로운 신체 진찰법 중 하나로 확립되었다.

그런데 라에네크가 발명한 청진기는 나무로 만든 단순한 대롱이었기 때문에 사용하기 편하지도, 소리가 잘 들리지도 않았다. 그래서 많은 의사가 경쟁적으로 개량에 나섰고, 결국 스코틀랜드의 의사인 서머빌 스콧 앨리슨(1815년~1877년)이 1859년에 개발한 것이 정착되었다.

현재의 것과 비교해도 손색이 없는 청진기가 탄생한 것이다.

세 번째 수단은 체온계다. 눈금이 있는 온도계를 처음 만든 사람은 이탈리아의 의사인 산토리오 산토리오(1561년~1636년)였다. 그는 1625년에 출판된 저서에서 여러 가지 신체·자연 현상을 측정하는 장치로서 의자형 체중계, 온도계, 습도계, 풍력계 등에 관해 기술했다. 그 후에는 18세기 초엽에 폴란드 출신의 다니엘 가브리엘 파렌하이트(1686년~1736년)가 수은을 사용한 온도계를 만든 것을 시작으로 개량과 시행착오가 거듭되었다.

그리고 라이프치히 대학교의 카를 분데를리히(1815년~1877년)가 논문 〈질환에 따른 체온 측정〉(1857년)과 저서 《질병에 따른 체온의 성질》(1868년)을 발표했다. 여기에는 병상의 환자 2만 5,000명의 체온을 매일 규칙적으로 측정해서 얻은 수백만 회에 이르는 측정 결과를 바탕으로 측정의 의의, 기술, 건강할 때의 체온과 병적 변화의 원인, 27가지 질환별 체온 등이 기록되어 있었다. 이 논문과 책의 내용은 금방 영어로 번역되었으며, 이에 따라 체온 측정이 널리 받아들여지게 되었다.

다만 이렇게 발명된 진단 기술들 덕분에 병변의 조기 발견이 가능해진 것은 많은 시간이 흐른 뒤였다.

마취·소독법의 발명과 대서양 항로

최신 기술이 불과 3개월 만에 바다를 건널 수 있었던 이유

마취법의 발명으로 장시간의 수술이 가능해지다

19세기는 과학의 힘을 통해 의료가 크게 진보한 시대다. 덕분에 더 많은 사람의 생명을 구할 수 있게 되었는데, 그 커다란 요인 중 하나는 외과 수술의 발달이었다. 기존의 외과 치료는 체표면의 병변을 제거하거나 붕대를 감는 정도에 머물렀기 때문에 대처 가능한 범위가 골절과 탈구, 가벼운 외상 정도로 한정되어 있었다. 병리 해부가 보급된 뒤로는 대처 가능한 범위가 다소 넓어졌지만, 환자가 몸이 절개되는 고통을 겪어야 했기 때문에 수술을 단시간에 마칠 필요가 있었다. 또한 내장 영역을 수술하는 것은 잡균에 감염될 수 있다는 공포 때문에 사실상 불가능했다.

그런데 19세기의 두 가지 발명이 이런 과제들을 극복할 수 있게 해줬다. 첫 번째 발명은 마취법이다. 전신 마취로 환자를 잠재움으로써 장시간에 걸친 수술이 가능해진 것이다. 처음으로 전신 마취를 통한 수술에 성공한 사람은 일본의 하나오카 세이슈(1760년~1835년)다. 흰독말풀(만다라화)이 주재료인 마비산(통선산)이라는 경구 마취약을 개발한 그는 1804년에 이것을 사용해 전신 마취를 한 뒤 유방암을 적출하는 데 성공했다. 그러나 적량을 조합하기도 어렵고 사용법도 까다로웠기 때문에 널리 보급되지는 못했다.

실용적인 마취법의 발명에 성공한 인물은 미국의 치과 의사인 윌리엄 모턴(1819년~1868년)이었다. 마취가 개발되기 전까지는 마취 없이 치아를 뽑아야 했다. 상상만 해도 고통스러운 일이지만, 그렇다고 고통에 대한 공포심에서 치아를 뽑지 않은 채 내버려두면 다른 치아나 잇몸까지 망가지기 때문에 평소에 식사하는 데도 지장이 생기며 그 결과 일찍 죽을 수도 있다. 그렇기 때문에 치과 병원의 경영이라는 측면에서도 마취의 유무는 내원자의 수나 수입에 커다란 영향을 끼쳤다. 물론 더 많은 환자를 돕고 싶다는 사명감 또한 있었을 것이다.

모턴은 과거에 자신의 상사였던 호레이스 웰스(1815년~1848년)가 웃음 가스(아산화질소)를 사용해 무통 수술을 실시할 때 조수로 참가했다. 그런데 무통 상태가 되지 않았기 때문에 수술은 실패로 끝났다. 그

때문인지 모턴은 웃음 가스를 마취약의 후보에서 제외시키고 하버드 대학교 화학과 교수인 찰스 토마스 잭슨(1805년~1880년)의 조언에 따라 디에틸에테르(에테르)에 주목하게 된다. 1846년 9월, 모턴은 매사추세츠 종합 병원에서 에테르를 사용한 무통 발치의 공개 실험을 실시해 성공을 거둔다. 그리고 그다음 달에는 에테르 마취를 이용한 하악 혈관종 절제 수술에도 성공했으며, 이 소식은 순식간에 서양 각국으로 퍼져 나갔다.

같은 해 12월에는 런던에서 영국 최초의 마취를 통한 발치와 하퇴 절단 수술이 시행되었고, 이듬해 1월에는 파리의 의학 아카데미에서도 마취를 이용한 수술의 성공이 보고되었다. 개발자로서의 명예와 특허에 매력을 느껴 마취법의 개발에 힘을 쏟던 수많은 의사들이 이론상으로는 가능하다고 생각하면서도 공개 실험에서 실패할지 모른다는 두려움 때문에 주저하고 있었는데, 속속 성공 소식이 날아든 것이다.

이미 복수의 성공 사례가 나온 이상 정신적인 부담감도 줄어들었을 것이다. 영국의 내과 의사인 스노(165쪽)는 마취의 안전성을 비약적으로 높일 뿐만 아니라 에테르의 농도를 조절할 수 있는 흡입기를 발명했다. 또한 여기에서 그치지 않고 인화성이라는 문제가 있는 에테르를 대신할 휘발성 마취약의 연구를 진행해, 에테르보다 소량으로도 효과가 있으며 마취 도입이 신속하고 불쾌감이 적은 클로로포름을 추천하기에 이르렀다. 다만 클로로포름에는 미주 신경을 억제해 심장 정지를 일으킬 위험성과 독성으로 인해 간 장애를 일으킨다는 문제점이 있기 때문에 국가와 지역에 따라 어느 쪽을 추천할지 방침이 갈렸다.

일본에도 1857년에 일본을 찾아온 네덜란드의 군의관 요하네스 폼페(1829년~1908년)가 마취법을 전래했을 것으로 생각된다. 하지만 몸속에 이물질을 집어넣는 것에 대한 거부감에서인지 금방 보급되지는 않았다.

의사의 담당 병동에서 산욕열이 다발한 이유

마취가 발명됨에 따라 환자는 수술을 받을 때의 고통에서 해방되었다. 그러나 문제는 수술 후의 사망률이 매우 높다는 것이었는데, 그 원인을 밝혀내고 대처법을 발견하기까지는 상당한 시간이 필요했다.

결론부터 말하면, 외과 수술에서 소독의 필요성을 제창하고 감염으로 인한 합병증의 발생을 억제해 수술의 안전성을 높인 인물은 영국의 외과 의사인 조지프 리스터(1827년~1912년)다. 다만 리스터에 앞서 소독법에 관해 처음으로 중대한 제안을 한 사람이 있었다. 헝가리의 산부인과 의사인 이그나츠 제멜바이스(1818년~1865년)다.

제멜바이스는 당시의 오스트리아 제국의 일부였던 헝가리에서 태어났다. 그는 빈 대학교에서 의학을 공부했고 졸업한 뒤에는 빈 종합병원 제1산부인과 병동의 조수가 되었는데, 그곳에서는 이상할 정도로 산욕열이 다발하고 있었다. 조산사가 분만을 담당하는 제2병동에서는 산욕열이 적게 발생하는데, 병리 해부를 자주 하는 의사가 분만을 담당하는 제1병동에서는 산욕열이 많이 발생했던 것이다. 이런 사실에서 제멜바이스는 어떤 가능성을 깨닫고 산욕열은 상처가 오염되어서 발생하는 패혈증이 아니냐는 가설을 세웠다. 그리고 가설을 실증하기 위해 병리 해부를 자주 하는 의사가 담당하는 제1병동에서 의사와 학생들의 손가락을 소독하게 했고, 그 결과 산욕열의 발생을 극적으로 억제하는 데 성공했다. 이것은 산욕열이 상처를 통해서 감염됨으로써 발생한다는 본질을 통찰하고 적확한 예방법을 실천한 중요한 업적이었다.

그런데 만약 제멜바이스의 주장이 사실이라면 과거에 발생했던 산욕열은 빈 종합 병원의 의사가 손 씻기와 소독을 게을리한 탓에 일어난 것이라는 의미이기에 중대한 책임 문제로 발전할 수 있었다. 그래서인지 제멜바이스의 설을 열렬히 지지하는 의사가 있는 반면에 격렬히 부정하는 의사도 많았다. 결국 빈에 계속 있기가 거북해진 제멜바이스는 헝가리로 돌아가 왕립 페스트 대학교의 산부인과 교수가 되었다. 그리고 1861년에는 《산욕열의 병인, 개념, 예방》을 발표했지만, 평판은 처참했다. 결국 그는 불행히도 자신의 학설을 인정받지 못한 채 세상을 떠나고 말았다.

그런 제멜바이스의 유지를 이은 인물이 영국의 리스터였다. 파스퇴르(159쪽)의 연구를 통해 미생물이 발효와 부패를 일으킨다는 사실을 배운 그는 상처가 곪는 원인도 미생물이 아닐까 생각했다. 그리고 이미 하수 처리에 사용되어 악취의 제거에 효과를 발휘하고 있었던 석탄산(페놀)에 주목해, 복합 골절을 당한 11세 소년의 상처를 석탄산으로 소독하고 붕대도 석탄산을 적셔서 사용한 결과 괴저를 일으키지 않고 치료하는 데 성공했다. 그 후 리스터는 부패성 농양 등의 증례에도 석탄산을 응용해 새로운 방부 수술법을 발명한다.

한편 1880년대의 독일에서는 세균학이 발달해, 리스터가 시작한 석탄산 소독이 아니라 수증기·끓이기·건조 등을 이용한 멸균법이 개발되면서 무균 수술법이 확립되었다.

정형외과의 분리에는 전쟁의 영향도 컸다

마취법과 소독법이 발명됨에 따라 흉복부의 내장 질환에 대해서도 외과 수술을 할 수 있게 되었다. 이 분야의 수술을 개척한 인물은 독일의 외과 의사인 테오도르 빌로트(1829년~1894년)다. 빌로트는 다수의 대학교에서 실적을 쌓았으며, 1867년에 빈 대학교의 외과 교수로 초빙된 뒤에도 내장 영역의 수술에 열중해 식도 절제술과 후두 절제술을 성공시켰다. 또한 수없이 거듭한 동물 실험의 성과를 바탕으로 위암에 대한 유문(위와 십이지장의 경계부) 절제술과 위절제술에도 도전해 성공을 거뒀다. 마취와 소독이라는 두 가지 기술의 개발은 외과 수술의 적용 범위를 비약적으로 확대시켜, 그전까지 불가능했던 내장 영역 수술이 가능해졌다. 구체적으로는 위와 충수(이른바 맹장)의 적출이다.

또한 마취와 소독은 정형외과에도 영향을 끼쳤다. 그전까지 정형외과에서 가능했던 것은 골절, 탈구, 외상 등의 치료와 아동의 발달 불량의 교정 정도였다. 그런데 독일의 게오르크 프리드리히 루이 스트로마이어(1804년~1876년)는 선천적으로 발 전체가 안쪽으로 젖힌 내반족에 대해 피부째 아킬레스건을 잘라냄으로써 아킬레스건을 늘이는 수술을 시행하고 그 실적을 정리한 《수술적 교정론집》(1838년)을 출판했다. 또한 네덜란드의 군위관인 안토니우스 마테이선(1805년~1878년)은 깁스붕대를 발명했다. 이와 같은 실적들이 쌓이면서 사지의 근육, 힘줄, 관절의 질환에 대해서도 외과 수술이 증가하게 되었다. 그리고 수술 범위가 크게 넓어진 것은 그때까지 외과와 일체화되어 있었던 정형외과가 외과로부터 분리되는 계기도 되었다.

이것은 전쟁으로 사상자가 증가한 것과도 관계가 있었다. 대포의 위력 증대와 기관총의 보급은 전쟁터의 광경을 크게 바꿔 버렸다. 19세기 중엽부터 연사를 할 수 있는 대포가 등장하고, 사정거리도 증가했으며, 표적에 대한 정확도도 향상되었다. 게다가 대포의 포탄이 그 무게를 이용해 성곽 등을 파괴하는 유형에서 폭발해 파열되는 유형으로 바뀌자 그 살상력은 차원이 다른 수준이 되었다. 직접 명중하지 않더라도 착탄 지역 주변에 있는 모든 사람에게 피해를 입히게 된 것이다.

기관총은 남북 전쟁(1861년~1865년) 중이던 미국에서 탄생한 무기다.

이후 미국 출생의 영국인 하이럼 스티븐스 맥심이 1884년에 전자동식인 맥심 기관총을 개발하자 순식간에 보급되어, 19세기 말에는 모든 전쟁터에서 위력을 발휘하게 되었다.

19세기 중반 이후의 유럽에서는 크림 전쟁(1853년~1856년), 이탈리아 통일 전쟁(1859년), 프로이센-오스트리아 전쟁(1866년), 프로이센-프랑스 전쟁(1870년~1871년) 등 역사적으로 큰 의미를 지니는 전쟁이 잇달아 벌어졌다. 이들 전쟁에서 발생한 부상병의 수는 근대 이전의 전쟁과는 비교할 바가 아니어서, 크림 전쟁 때는 그 참상을 전해 들은 피렌체 출생의 영국인 플로렌스 나이팅게일(1820년~1910년)이, 이탈리아 통일 전쟁 때는 현지에서 부상병의 참상을 목격한 앙리 뒤낭(1828년~1910년)이 각각 구호 활동에 나섰다. 그리고 이것이 1864년의 제네바 조약 채택과 국제 적십자 위원회의 설립으로 이어진다.

불과 3개월 만에 바다를 건넌 무통 발치

앞에서도 이야기했듯이 1846년 12월에 런던에서 영국 최초의 마취를 사용한 무통 발치가 이루어졌는데, 이것은 미국에서 세계 최초의 무통 발치가 성공한 지 불과 3개월 후의 일이었다. 당시는 아직 전화도 무선 통신도 발명되지 않았던 시절로, 실용 가능한 대서양 횡단 전신 케이블이 부설된 때는 그로부터 20년 후인 1866년이었다. 그렇다면 마취를 이용한 무통 발치가 성공했다는 정보는 사람에게서 사람에게로, 혹은 어떤 문서를 통해서 전해졌을 것이다. 이를 통해 유럽 대륙과 북아메리카 대륙 사이의 시간차가 상당히 단축되어 있었음을 짐작할 수 있다.

1492년에 콜럼버스가 제1차 항해에 나섰을 때는 스페인 남서부의 팔로스 항구를 출항한 뒤 서인도제도의 산살바도르섬에 상륙하기까지 72일이 걸렸다. 가장 큰 배였던 기함 산타마리아호도 전체 길이가 25.6m, 최대 폭이 7.5m, 배의 밑바닥에서 상갑판까지의 높이가 3.3m, 중량이 185톤이었으며 승무원은 50명 정도였다.

1620년에 영국의 플리머스에서 북아메리카 대륙의 버지니아를 향해 출항한 메이플라워호도 항해에 65일이 걸렸다. 중량은 180톤이었으며, 승무원과 승객의 수는 합쳐서 130명 전후였다.

그 후에도 범선으로 60~70일을 항해하는 시대가 계속되었는데, 그러다 1838년에 마침내 증기선이 등장했다. 증기선이 등장함에 따라 배의 중량은 1,000톤대로 크게 증가했으며, 항해 기간도 2주 정도로 단번에 단축되었다.

영국과 미국을 연결하는 여객선은 증기선이 등장하기 이전인 1815년부터 운항을 시작했다. 영국에서 미국으로 건너가는 이민자뿐만 아니라 이주를 단념하고 영국으로 돌아오는 사람, 미국에서 태어나 영국으로 건너가는 사람, 장사를 위해 자주 왕래하는 사람 등, 승선의 목적은 저마다 다양했다. 이처럼 사람의 왕래가 활발해지면서 의학의 최첨단 연구도 별다른 시간 차이 없이 대서양을 건너서 공유되게 되었다.

1840년대 중엽은 외륜선에서 프로펠러선으로 이행되고 선체의 대형화가 진행되었던 시기다. 공교롭게도 세계 최초의 무통 발치가 시행된 때와 시기가 겹친다. 대서양 횡단에 걸리는 시간이 대폭 단축되자 최신 발명도 그전까지는 생각할 수 없었던 속도로 바다를 건너서 전해졌던 것이다.

정신 분석과 세기말 문화

빈에서 꽃을 피운 유대계 문화

뇌의 영역이 의학의 대상이 되다

과학의 발달은 의료의 가능성을 크게 확대시켰다. 그전까지 손도 대지 못했던 뇌의 영역에도 의학이 발을 들여놓아, 19세기에는 뇌의 기능 이상을 다루는 정신의학과 뇌의 신경 계통 전반의 질환을 다루는 신경학이 탄생했다.

정신의학의 성립에 큰 역할을 담당한 최초의 인물은 프랑스의 필리프 피넬(1745년~1826년)이다. 살페트리에르 병원의 원장이었던 그는 정신 장애 환자를 구속에서 해방시키고 도덕적인 치료를 실천하는 동시에 프랑스 혁명이 한창인 상황에서 정신 의료의 첫 교과서로 평가받는 《정신병에 관한 의학 철학론》(1801년)을 세상에 내놓았다. 이 책에서 그는 정신병을 단일 질환으로 파악하고, 일정한 경과를 거치는 동안에 다양한 상태나 증상을 보인다는 견해를 드러냈다.

두 번째 인물은 독일의 빌헬름 그리징거(1817년~1868년)다. 베를린에 있는 샤리테 병원의 원장이었던 그도 환자를 구금에서 해방시키고 개방적인 의료를 시행한 것으로 유명하다. 저서인 《정신병의 병리와 치료》(1845년)는 독일 최초의 정신의학 교과서다. 이 책에서 그는 뇌의 이상이 정신병의 원인이라고 분명히 말하는 동시에 정신병을 조발성 치매(조현병)와 조울증(양극성 장애)의 두 종류로 유형화했다.

역시 독일인인 에밀 크레펠린(1856년~1926년)은 정신병을 내인성과 외인성, 심인성의 세 종류로 크게 나누고 내인성 정신병을 조울증(양극성 장애)과 조발성 치매(조현병)로 구분함으로써 오늘날로 이어지는 정신질환의 개념을 만들어 냈다. 그의 저서인 《정신의학》(1887년)은 정신의학 교과서의 결정판이라고 해도 과언이 아니다.

정신병 환자는 사람의 손으로 어떻게 할 수 없는 존재이기에 교회에 도움을 구하거나 격리 혹은 구금하는 수밖에 없다는 것이 그때까지의 인식이었는데, 마침내 과학이 발을 들여놓기 시작한 것이다.

정신의학이 뇌의 상태 이상을 다루는 데 비해, 신경학은 뇌를 포함한 신경 계통 전반의 질환을 다룬다. 프랑스의 장 마르탱 샤르코(1825년~1893년)는 환자의 임상 소견과 병리 해부 소견을 바탕으로 다수의 신경 계통 질환을 밝혀내 신경학의 시조로 평가받는다. 그는 살페트리에르 병원의 주임 의사, 파리 대학교 병리학 교수와 신경학 교수를 역임한 인물로, 1870년부터 20년 동안 매일 살페트리에르 병원에서 제자들과 함께 병실을 회진했으며 일주일에 한 번은 공개 임상 강의를 했다. 그 기록은 《신경 계통 질환의 강의》(전 3권)라는 제목으로 출판(1872년~1887년)되었는데, 기존의 신경학 교과서와는 차별화된 내용이었다.

그전에도 신경 계통 질환에 관한 교과서들이 있기는 했지만, 하나같이 형식적인 분류에 그쳤기 때문에 의료 현장에서는 거의 도움이 되지 못했다. 반면에 샤르코의 책에는 임상 소견과 병리 해부 소견에 입각해서 밝혀낸 다수의 신경 계통 질환이 소개되어 있었다. 신경학의 기초를 세운 것이다. 또한 신경내과를 독립된 분야, 하나의 진료과로 성립시킨 것도 샤르코의 공적이라고 말할 수 있다.

'마음'을 진료의 대상으로 삼은 프로이트

샤르코의 명성이 높아짐에 따라 유럽 전역에서 우수한 인재들이 가르침을 받기 위해 파리로 모여들었는데, 그중에는 체코 출생의 유대인인 지그문트 프로이트(1856년~1939년)도 있었다. 가난한 상인의 가정에서 태어난 프로이트는 빈 대학교에서 의학과 인문학을 공부한 뒤 신경 질환을 진료하다 장학금을 받자 파리의 살페트리에르 병원으로 유학을 갔다. 그리고 샤르코의 밑에서 최면을 이용한 히스테리 치료를 배운 뒤 빈으로 돌아와 자신의 진료소를 개설했는데, 그곳에서 진료 경험을 쌓다가 방향을 조금 선회한다. 그는 인간의 마음에는 무의식의 영역이 있으며 그곳에 자리하고 있는 갈등을 해방시키면 다양한 신경 증상을 치료할 수 있다는 생각에 이르렀다. 1899년에 발표한 《꿈의 해석》에서 프로이트는 그 치료 이론과 방법을 '정신 분석'이라고 명명했다.

프로이트 이전에는 '마음의 병'이라는 개념이 없었기 때문에 정신 질환을 앓는 환자는 흔히 광기가 깃든 사람 혹은 인격 파탄자로 간주되었으며 이들을 구금해야 한다는 생각이 정당화됐다. 현재는 약물 치료로 증상을 상당 수준 조절할 수 있게 되었다. 프로이트는 정신 질환을 병으로 취급함으로써 치료의 길을 개척한 인물이었다.

뇌라는 육체의 일부가 아닌 마음의 세계 자체를 연구 대상, 진료 대상으로 삼은 프로이트를 비판하는 사람도 많았지만 제자가 되고 싶어 하는 사람 또한 많았다. 스위스 출신의 카를 구스타프 융(1875년~1961년)은 후자 중 한 명이었다. 이윽고 융은 프로이트의 지원을 받아 국제 정신 분석 협회의 초대 회장이 된다. 그러나 1913년에 견해의 차이로 대립하다 프로이트와 결별한 뒤 무의식 상태의 잠재의식을 이론적으로 정리한 분석 심리학을 만들었고, 1948년에는 취리히에 융 연구소를 설립해 분석 심리학의 보급에 힘썼다. 정신 분석학에서 강한 영향을 받아서 탄생한 것이 정신의학의 정신 요법으로, 임상 심리학에서는 심리 요법이라고 부른다.

이 시대에는 일본에도 사카키 하지메(1857년~1897년)라는 정신과 의사가 있었다. 그는 독일 유학 중에 파리까지 가서 샤르코에게 가르침을 받기도 했으며, 귀국 후에는 제국 대학 의과 대학의 초대 정신병학 교수가 되어 정신병과 정신 위생, 소아 정신론, 간호법을 가르치는 가운데 부검과 사법 정신 감정도 담당하는 등 폭넓은 활동을 펼쳤다. 또한 환자를 간호할 때 강박 관념을 주지 않을 것, 구속하지 않을 것, 치료에 완구나 음악도 사용할 것, 할 일을 부여할 것 등을 추천해, 일본에서 정신 의료의 기초를 구축했다.

여담이지만, 훨씬 이후의 시대인 1970~1980년대에는 조현병 환자의 격리와 입원 치료에 반대하는 반(反)정신의학 운동이 세계적으로 확산되었다. 이 운동의 기수는 영국의 정신학자인 로널드 데이비드 랭(1927년~1989년)으로, 저서인《분열된 자기》(1960년)에서 그는 정신병으로 진단된 사람을 이해하는 것은 가능하며 환자를 비정상이라고 믿어 의심치 않는 주위의 시선이 환자의 증상을 더욱 악화시킨다고 주장했다. 그런 증상이 나타난 원인은 환자의 뇌가 아니라 일그러진 인간관계, 특히 가족 관계의 파탄에 있다는 것이다.

조현병 환자가 수용소나 폐쇄 병동에서 해방된 것은 바로 이 무렵인데, 항정신병제의 등장도 같은 시기였기 때문에 환자의 해방이 운동의 성과인지 아니면 약의 효과 덕분인지는 아직도 의견이 갈리고 있다.

빈 문화의 주역은 유대계

다시 이야기의 무대를 19세기 말로 되돌리자. 체코에서 태어난 프로이트는 나치 독일이 오스트리아를 합병하기 전까지 인생의 대부분을 빈에서 살았는데, 이것은 당시의 유럽 정세나 유대인이 처해 있었던 상황과 깊은 관계가 있다.

프로이트가 태어났을 무렵, 오스트리아는 독일 통일을 둘러싸고 프로이센과 긴장 관계에 있었다. 그리고 1866년에 직접 대결이었던 프로이센-오스트리아 전쟁에서 패하자 국가 체제를 헝가리와의 이중 제국이라는 형태로 바꿈으로써 난국을 타개하려 했다. 그러나 이중 제국 전체에서 독일인이 차지하는 비율은 20~25% 정도에 불과했다. 아시아계 조상을 둔 마자르인이나 체코인, 슬로바키아인 등으로 대표되는 남슬라브계 민족이 다수파였던 것이다. 게다가 빈으로 한정하면 유대인이 차지하는 비율도 1869년에 6.6%였던 것이 1880년에는 10.1%, 1890년에는 11%로 눈에 띄게 상승하고 있었다.

이런 현상은 1881년 이후 제정 러시아에서 유대인을 표적으로 삼은 포그롬이라는 조직적인 약탈과 학살이 반복된 것과 관계가 있다. 러시아 정부가 비밀경찰을 이용해 체제에 대한 민중의 불만과 에너지가 유대인을 향하도록 만들었던 것이다. 여기에 근대 민족주의의 고양, 피부색에 따른 등급과 우생학 등으로 대표되는, 논리적인 듯이 가장했지만 유사 과학적인 인종주의의 확산도 있었다. 그 영향으로 프랑스 등 다른 유럽 국가들로도 반유대주의가 퍼져 나갔기 때문에 좀 더 안전한 지역으로 이주하려는 유대인이 늘어났다. 황제인 프란츠 요제프 1세(재위 1848년~1916년)가 유대인에게 관대한 자세를 보였던 까닭에 오스트리아-헝가리 이중 제국이 통치하는 곳은 이주지로서 인기가 높았다.

이중 제국이 성립하기 직전, 제국의 수도인 빈은 크게 변모하고 있었다. 인구 증가에 대처하기 위해 1857년에 황제가 발표한 칙령에 근거해 시를 둘러싸고 있었던 성벽이 철거되고 그 부지에는 링슈트라세(순환 도로)가 부설되었다. 그리고 그 길을 따라서 국립 오페라 극장을 비롯해 고딕, 르네상스, 바로크 등의 양식을 도입한 수많은 건물이 건설되었다. 오늘날의 빈의 원형이 거의 갖춰진 것인데, 언뜻 화려해 보였지만 제국은 몇 가지 문제를 끌어안고 있었다. 마자르인과 등등한 권리를 요구하는 남슬라브계 민족의 압력이 거셌고, 농축산업 사회에서 산업 사회로의 전환도 더디게 진행되고 있어서 제국 전체에 쇠퇴의 기운이 확연했다. 그런데 이처럼 활기가 없고 혼란스러운 분위기 속에서도 빈 등 대도시의 중심부에서만큼은 독특한 문화 운동이 꽃을 피웠다. 살롱과 카페를 중심으로 지식인들 사이에서 속칭 세기말 문화가 유행한 것이다.

빈의 카페 첸트랄은 작가와 자유사상가들이 모이는 곳으로서 활기를 띠었고, 음악의 세계에서는 요하네스 브람스와 구스타프 말러, 요한 슈트라우스 2세, 문학의 세계에서는 페터 알텐베르크와 프란츠 카프카 같은 유대계 인물들의 활약이 두드러졌다. 희곡《윤무》로 유명한 아르투어 슈니츨러 등이 활약한 연극의 세계도 마찬가지였다. 유대계를 빼놓고는 빈의 세기말 문화를 이야기할 수 없었다. 1889년에 오스트리아 북부의 브라우나우암인에서 태어난 아돌프 히틀러가 사춘기에 접어들어 화가로 먹고살고자 발버둥 쳤던 때가 바로 이 세기말 문화가 최후의 광채를 발하던 시기에 해당한다.

빈에서 사는 유대인 중에는 현지에 동화되려 한 사람이 많았다. 황제가 유대인에게 관대하다고 해서 사회 전체가 관대한 것은 아니었기에 그것이 차별을 최대한 피하기 위한 좋은 해결책이라고 생각했던 것이다. 가톨릭이든 프로테스탄트든 동방 정교회든 크리스트교로 개종하고 독일어를 모국어로 사용하는 사람은 자신이 동화되었다고 생각했을 것이다. 그러나 주위 사람들의 눈에는 유대계 오스트리아인 혹은 그저 유대인으로 보일 뿐이었다.

반대로 사회 쪽을 바꿔야 한다고 주장하는 사람들도 있었다. 독일을 예로 들면, 에두아르트 베른슈타인이라는 유대인이 그중 한 명이었다. 베른슈타인은 독일 사회민주당의 당원이었는데, 비스마르크 정권에서 사회주의자 진압법이 제정되자 활동의 무대를 스위스로 옮겼다 영국으로 망명했다. 그리고 영국에서 카를 마르크스의 맹우인 프리드리히 엥겔스와 친분을 쌓고 복지 사회로 전환을 지향하는 사회주의 단체인 페이비안 협회로부터 지대한 영향을 받아, 1899년에《사회주의의 전제와 사회민주주의의 임무》를 출판했다. 이 책에서 그는 사회주의의 도래를 역사의 필연으로 여기는 사적 유물론을 부정하고 의회주의를 채용하는 점진적인 사회주의의 실현을 주장했다. 비합법적인 폭력 혁명에서 합법적인 수장을 통한 사회 개량으로 방향을 선회한 것이다. 그의 주장에는 물론 유대인 차별의 철폐도 포함되어 있었다.

시대가 흘러 1933년에 독일에서 나치 정권이 수립되자 오스트리아에서도 극우 반유대주의가 강해졌고, 1938년 3월에는 오스트리아가 독일에 병합되었다. 대부분의 유대인 의사가 일자리를 잃는 상황 속에서 프로이트는 자신만 도망칠 수는 없다며 빈에 머무를 각오를 보였다. 그러나 사랑하는 딸이 게슈타포(나치 정권의 정치경찰-옮긴이)에 연행되었다가 풀려나는 사건이 일어나자 결심이 흔들렸고, 친구와 지인들의 끈질긴 설득에 결국 생각을 바꿨다. 그리고 같은 해 9월에 영국과 미국 친구들의 도움으로 파리를 거쳐 런던으로 망명했으며, 이듬해 9월에 병으로 세상을 떠날 때까지 그곳에서 환자를 치료하는 가운데 집필 활동에 열중했다.

빈의 세기말 문화인들 사이에서는 내면적 감정의 발로를 중시하는 분위기가 강했으며, 프로이트의 정신 분석도 그런 조류의 일환으로서 탄생한 것이었다.

column 04

근대 의학의 시작(19세기)

병의 개념이 바뀌면서 극복에 대한 기대가 높아졌다

16~18세기에 걸쳐 수많은 인체 해부가 이루어진 결과 인체의 구조에 관한 이해가 깊어졌다. 그리고 병의 원인을 체액의 불균형에서 찾았던 고대 이래의 발상에서 벗어나 새로운 발상으로 전환된 시기가 바로 19세기다. 이 한 가지만으로도 의학의 역사에서 커다란 변화가 일어난 시기라고 말할 수 있다. '증상 = 병'이 아니라 '내장의 병변 = 병'이라고 생각하게 된 것이다.

의료 기술도 19세기에 들어와서 드디어 과거의 축적을 기반으로 커다란 전진을 이루게 되었다.

첫 번째 전진은 마취와 소독의 발명으로 외과 수술의 안전성이 비약적으로 높아진 것이다. 병리 해부의 축적을 통해 내장에 병변이 일어났음을 예측할 수 있게 되었으면서도 그때까지 시행하지 못했던 내장 영역의 외과 수술이 가능해졌다.

두 번째 전진은 병원균의 발견이다. 치료법은 찾아내지 못하더라도 백신은 만들 수 있었고, 이를 통해 감염증의 확대를 막는 길이 열렸다.

세 번째 전진은 제4장의 3에서 자세히 소개한 타진법 등의 진단 기술의 발명이다. 또한 현미경이 발달함에 따라 육안으로는 볼 수 없는 미시적 세계도 관찰할 수 있게 되었으며, 리토그래프(석판화)를 비롯한 인쇄 기술의 발전으로 2차원의 종이에 장기를 입체감 있게 표현할 수 있게 되었다.

19세기 의학의 이러한 발달은 다양한 희망과 기대감을 낳았다. 과학에는 무한한 가능성이 있으며, 언젠가 반드시 온갖 병을 극복할 날이 찾아오리라는 희망이자 기대다. 그러나 이런 기술들의 발달이 병변의 조기 발견과 치료를 당장 가능케 한 것은 아니었다. 당시로서는 최첨단인 진단 기술을 구사하더라도 병의 본체를 알아낼 수 없었으며,

알아내려면 결국 환자가 죽은 뒤에 해부해 봐야 했다. 그래서 허무주의에 빠진 의사도 적지 않았다. 간접 청진법의 보급에 공헌한 빈의 스코다조차도 "어떤 병에 대해서도 확실한 치료법이 없다"라고 푸념할 정도였다.

말하자면 19세기의 의학은 이제 겨우 출발선에 선 상태에 불과했다. 특출한 성과가 나오기 시작한 것은 지금으로부터 약 30년 전인 20세기 말부터다. 인체는 그만큼 오묘한 세계다.

환자가 아무리 고통을 호소한들 모르는 것은 모르며 고치지 못하는 것은 고치지 못한다. 이것은 사실 지금이라고 해서 다르지 않다.

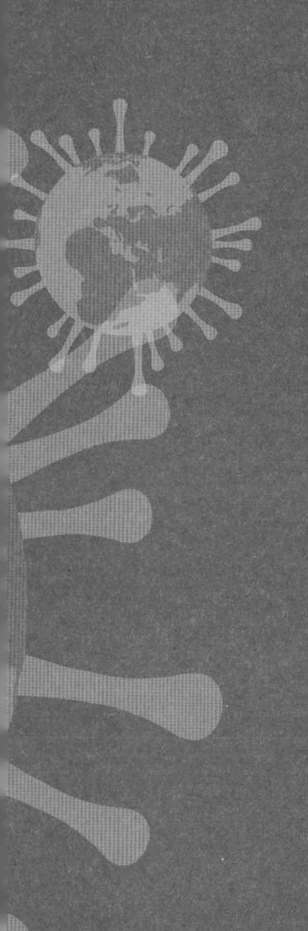

제 5 장

전쟁이 기폭제라는 아이러니

혈액형의 발견과 유대인 문제

미국으로의
두뇌 유출의 전형

안전하게 수혈할 수 있는 혈액의 조건

과학의 비약적인 진보로 더 많은 생명을 구할 수 있게 된 것은 분명 좋은 소식이었다. 다만 출산이나 외과 수술에는 대량의 출혈이 동반되는 경우가 많기 때문에 안전한 수혈 방법의 확립도 시급한 과제로 떠올랐다.

17세기의 영국에서는 피를 많이 잃은 개에게 다른 개의 피를 수혈해 회복시킨 사례가 있었고, 프랑스에서는 양의 피를 젊은 사람에게 수혈한 사례가 있었다. 다만 필요한 것은 안전하게 사람의 피를 사람에게 수혈하는 방법이었기에 이런 성공 혹은 실패 사례는 참고가 되지 않았다.

사람의 피를 사람에게 수혈하는 시도를 한 사례로는 19세기 영국의 산부인과 의사인 제임스 블런델(1791년~1878년)이 있다. 그는 분만 과정에서 피를 너무 많이 흘린 임산부를 구하고자 때때로 수혈을 시도했다. 그러나 높은 확률로 격렬한 부작용이 발생했기 때문에 수혈의 보급으로는 이어지지 못했다.

수혈이 성공하는 경우도 있으므로 수혈이라는 치료법 자체는 분명히 효과가 있다. 그런데 왜 성공할 때가 있는가 하면 실패할 때도 있는 것일까? 그 수수께끼의 답은 혈액 속에 숨어 있다. 이렇게 생각한 의사는 적지 않았을 것이다. 부작용의 원인이 혈액의 응고에 있다는 점까지는 판명되었지만, 왜 응고가 일어나는지 밝혀내는 것은 쉬운 일이 아니었다.

수많은 의사가 실험과 연구를 거듭하는 가운데, 1901년에 빈의 병리학 연구소에서 연구 조수로 일하던 카를 란트슈타이너(1868년~1943년)가 중요한 발견을 했다. 혈구와 혈청의 조합에 따라 혈구가 응집해 혈액의 응고가 발생하는 경우와 발생하지 않는 경우가 있음을 밝혀낸 것이다. 란트슈타이너는 혈액이 세 종류로 구성되어 있으며 다음의 상관관계가 있음을 알아냈다.

■ A형의 혈청은 B형의 혈구를 응집시킨다.

- B형의 혈청은 A형의 혈구를 응집시킨다.
- C형(현재의 O형)의 혈청은 A형과 B형의 혈구를 응집시킨다.

또한 이듬해에는 뮌헨의 연구자가 어떤 혈액형과 조합시켜도 응고하지 않는 혈청을 가진 네 번째 혈액형(현재의 AB형)을 발견했다.

란트슈타이너는 훗날 혈액형을 발견한 공적을 인정받아 1930년에 노벨 생리학·의학상을 받았다. 그러나 인체 실험을 하기는 쉽지 않았기 때문인지, 이 발견이 임상의들에게 높은 평가를 받기까지는 10년 이상의 시간이 필요했다.

먼 곳에서 피를 가져와 수혈할 수 있도록 만든 항응고제

처음에는 오로지 사람에게서 사람에게로 직접 수혈을 해야 했다. 혈액에는 몸 밖으로 꺼내기만 해도 응고하는 성질이 있기 때문이다. 물론 평상시에는 병원에서 수혈하면 되는 문제이지만, 전쟁 중이라면 이야기가 달라진다. 부상병을 설비가 충분히 갖춰진 병원까지 옮길 여유 따위는 없기에 전선 근처에 가설한 야전 병원에서 수혈하는 상황을 가정해야 했다. 혈액의 응고를 방지하기에 적합한 첨가제의 발견이 시급해졌다.

동물 실험에서는 옥살산(수산)이나 시트르산(구연산)을 사용했지만,

사람의 혈액에는 별다른 효과가 없었다. 그러다 제1차 세계 대전이 발발한 1914년에 비로소 벨기에의 알베르 유스텡(1882년~1967년)이 구연산나트륨을 첨가한 혈액으로 수혈에 성공한 사례가 보고되었다. 또한 이듬해에는 아르헨티나의 루이스 아고테(1868년~1954년)와 미국의 리처드 르위손(1875년~1961년)이 같은 방법을 독자적으로 개발해 발표했다.

제1차 세계 대전은 유럽의 거의 모든 국가와 오스만 제국이 참전한 대규모 국제 분쟁이었다. 미국도 먼로주의라고 부르는 고립주의를 일시적으로 철회하고 1917년 4월에 영국과 프랑스 등의 연합국 측에 가담해 참전했다.

미국 육군의 군의관인 오스왈드 호프 로버트슨(1886년~1966년)은 구연산나트륨을 항응고제로 사용한다는 당시로서는 갓 개발된 방법을 채용했다. 이 방법을 사용하면 혈액을 2~3주까지 보존할 수 있었기 때문이다. 이 시도는 예상대로 성공을 거뒀으며, 이때의 보고를 바탕으로 표준적인 항응고 보존액의 개발이 진행되었다. 그리고 1937년에 ACD 보존액이, 1957년에 CPD 보존액이 개발되어 오늘날까지 널리 사용되고 있다.

1937년에는 수혈을 위해 혈액을 채취·보관하는 혈액 센터가 시카고의 쿡 카운티 병원에 설립되어 '혈액은행'으로 명명되었다. 한편 일본에서는 제2차 세계 대전이 끝난 뒤인 1952년에 일본 적십자사가 보존 혈액의 제조·공급 사업을 시작했다. 그러나 혈액의 채취를 민간에 위탁한 까닭에 혈액 제공자에게 보수를 지급하는 매혈 제도가 채용되었고, 그 결과 극빈층 서민의 경우 자신의 피를 팔아서 생계를 꾸려 나가기도 했다. 그런데 1964년에 주일 미국 대사인 에드윈 라이샤워(1910년~1990년)가 괴한의 습격으로 대량 출혈을 일으켜 긴급 수혈을 받은 뒤 B형 간염에 감염되는 사건이 일어났다. 일본에서는 이 사건을 계기로 혈액 공급 시스템이 전면적으로 재검토되어, 1969년에는 매혈이 중지되었다. 또한 헌혈 시스템이 일본 적십자사로 일원화되었으며 무상 헌혈이 정착되었다.

그 후 의료 기술의 발달로 통상적인 외과 수술에서는 출혈이 감소함에 따라 수술용 수혈의 수요도 크게 감소했지만, 헌혈은 계속되고 있으며 혈액 부족을 호소하는 경우도 종종 있다. 현재는 대부분의 경우 헌혈로 채취한 혈액을 그대로 제3자에게 수혈하는 것이 아니라 혈액제제의 재료로 이용하고 있다.

수혈용 혈액제제는 전혈제제와 성분제제의 두 가지로 크게 나눌 수 있다. 헌혈로 채취한 혈액에 혈액 보존제만을 첨가해 혈액의 모든 성분을 포함하고 있는 것이 전혈제제고, 특정 성분을 추출한 것이 성분제제다. 환자에게 불필요한 성분을 수혈하면 심장이나 신장 등의 순환기계에 부담이 커지기 때문에 현재는 전혈제제를 사용하는 경우가 매우 드물다. 환자의 용태를 살피면서 적혈구 성분제제와 혈장 성분제제, 혈소판 성분제제를 적절히 사용하는 방식이 일반적이다.

수많은 유대인이 오스트리아로 몰려들다

혈액형을 발견한 란트슈타이너는 유대인이었다. 유대인이 빈의 세기말 문화에 없어서는 안 될 역할을 했다는 것은 이미 앞에서 소개한 바 있는데, 당시의 오스트리아에는 거대한 유대인 공동체가 존재했다.

그들의 역사를 이야기하려면 13세기까지 거슬러 올라가야 한다. 당시는 가톨릭에서 이자를 금지했기 때문에 금융업은 이교도의 차지가 되었다. 또한 그 무렵의 유럽에서는 종교적인 이유로 반유대주의가 거셌다. 유대인은 토지를 소유하거나 크리스트교도를 고용하는 것이 금지되었고, 특정한 색과 형태의 옷과 모자를 착용해야 했으며, 특정한 표시를 다는 등 여러 가지 차별을 당하고 있었다. 이 정도로 규제를 받다 보니 할 수 있는 장사라고는 소규모 상업이나 금융업 정도밖에 없었다. 유대교에서도 이자를 금지하기는 했지만, 고객이 이교도라면 문제가 없다는 해석이 있었기에 금융업은 그들의 독무대가 되었다. 여기에 고객이 이교도라면 죄책감이 덜 드는 것인지 매우 높은 이자를 부과하는 사람도 있었다.

금융업뿐만 아니라 상업으로 성공한 유대인도 많아서, 그렇게 축적된 경험과 그들의 독자적인 네트워크가 막대한 부를 만들어 낸다는 것은 주지의 사실이었다. 그러나 구세주인 예수 그리스도를 살해한 민족으로서 유대인을 혐오하는 사람이 많았기 때문에 유럽 각지에서 군주의 대응은 크게 갈렸다. 개중에는 일단 추방령을 내렸다가 시의 재정이 어려워지면 추방령을 철회하고 좋은 조건에 유대인을 초빙하는 곳도 있었다. 이처럼 장기적인 비전 없이 조령모개를 거듭하는 군주가 많은 가운데, 폴란드만은 군주들이 대대로 유대인에게 호의적이었던 까닭에 13세기 이후 폴란드로 이주하는 유대인이 계속 늘어났다. 폴란드의 군주가 헝가리나 우크라이나의 군주를 겸한 시기에는 그 지역에도 유대인의 이주가 증가했다.

그런데 18세기 말에 프로이센, 오스트리아, 러시아의 세 강대국이 강행한 폴란드 분할의 결과로 폴란드의 유대인 공동체도 셋으로 분열되고 만다. 그때까지 유대인과 인연이 거의 없었던 오스트리아도 폴란드 남부와 우크라이나 서부를 병합함에 따라 다수의 유대인이 살게 된 것이다.

나치로부터 도피하는 사람들이 급증하면서 의학부의 교수가 절반으로 줄어들다

오스트리아-헝가리 이중 제국의 황제인 프란츠 요제프 1세(1830년~1916년)는 유대인에게 관대한 자세를 잃지 않았지만, 당시의 유럽에서는 프랑스에서 시작된 내셔널리즘과 인종주의, 영국에서 시작된 사회진화론과 우생학 등이 겹치면서 인종을 이유로 한 반유대주의 사상이 확산되고 있었다. 1895년에는 빈 시의회 선거에서 반유대주의를 내세운 사회민주당이 과반수를 획득했고, 당수인 카를 루에거(1844년~1910년)가 시장에 선출되었다. 이에 황제가 거부권을 발동해 지연되기는 했지만, 결국 1897년에 그는 시장으로 취임한다. 나치 독일에 합병되기 전부터 오스트리아 사회는 상당히 위험한 상태가 되고 있었던 것이다. 이러한 상황에 위기감을 느꼈는지, 혈액형의 발견이라는 위대한 공적을 세운 란트슈타이너도 1922년에 미국의 록펠러 의학 연구소로부터 제안을 받자 망설임 없이 미국으로 건너가 두 번 다시 오스트리아로 돌아오지 않았다.

위기감을 느낀 사람은 란트슈타이너만이 아니었다. 헝가리의 부다페스트에서 태어난 테오도르 헤르츨(1860년~1904년)도 마찬가지였다. 언론인이 된 헤르츨은 취재를 위해 프랑스에서 머물다 드레퓌스 사건을 접했다. 프랑스와 이탈리아의 합작 영화인 〈장교와 스파이〉(2019년)가 이 사건을 소재로 만든 작품으로, 유대계 프랑스 육군 대위인 알프레드 드레퓌스(1859년~1935년)가 스파이로 고발당하면서 사건이 시작된다. 이것은 명백한 모함이었지만, 드레퓌스는 10년이 넘는 세월이 흐른 뒤에야 무죄 판결을 받을 수 있었다.

인권의 선진국일 터였던 프랑스조차도 이런 상황이었고, 제정 러시아에서는 여전히 유대인을 표적으로 삼은 약탈·파괴·살육 행위인 이른바 포그롬이 반복되고 있었다. 현실의 위협을 직접 목격한 헤르츨은 위기감을 공유하는 유대인들과 함께 시오니즘 운동을 시작한다. 유대인이 주권자로서 안심하고 살 수 있는 민족적 향토의 구축을 지향하는 운동이다.

처음에는 영국 정부의 제안이 있었던 아프리카 대륙 중동부의 우

하이델베르크 대학교 의학부의 교수 수 추이

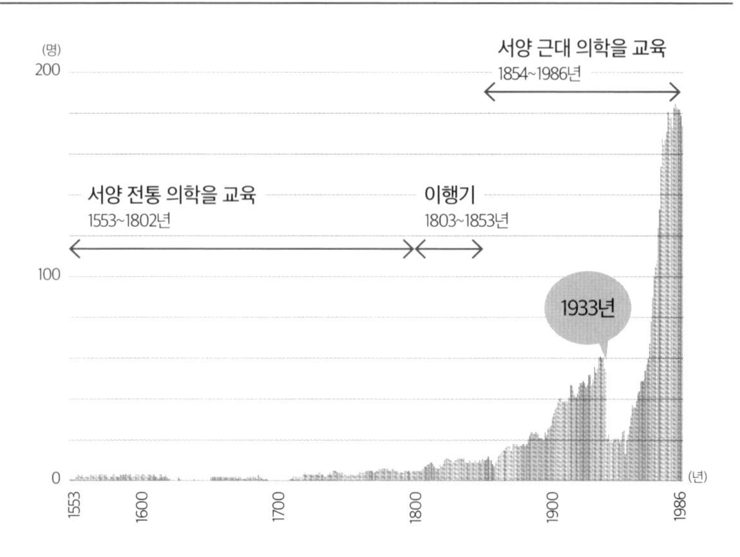

"Heidelberger Gelehrtenlexikon"(1986~2009)을 바탕으로 작성

간다에 국가를 건설하는 것으로 결정되는 분위기였지만, 현지 조사를 한 결과 없던 일이 되었다. 그리고 역시 팔레스타인밖에 없다는 의견과, 7세기 이후 아랍인의 땅이 되었고 실제로 오스만 제국의 영토인 팔레스타인에 건국하는 것은 허황된 이야기라는 의견이 대립하는 등 견해가 좀처럼 통일되지 못했다. 이주지로서 가장 인기가 높았던 곳은 미국이었지만, 하필 그 시기에 미국은 비백인, 비크리스트교도의 이민을 규제하는 방향으로 전환한 상태였다. 그래서 차선책이었던 팔레스타인을 선택하는 유대인이 조금씩 늘어났다.

그러나 자신이 태어나고 자란 땅에 생활 기반을 구축해 놓은 사람,

이주비를 마련할 능력이 없는 사람 등은 좀처럼 행동에 나서지 못했다. 결국 독일에서 나치 정권이 수립된 1933년 이후에야 유대인의 이주가 본격화된다.

1933년이 분기점이 되었음은 독일 남서부의 하이델베르크 대학교 의학부의 교수 명단을 봐도 확실히 알 수 있다. 그전까지는 50~60명이었던 교수의 수가 이해를 기점으로 절반 이하가 되어 버린 것이다. 사실 하이델베르크 대학교뿐만 아니라 독일과 오스트리아의 모든 대학교에서 같은 현상이 발생했는데, 절반 이하로 줄어든 교수의 수는 의학 분야에서 유대인의 공헌이 얼마나 컸는지를 상징한다고도 말할 수 있다.

스페인 독감과 제1차 세계 대전

전쟁의 종식을 앞당긴 팬데믹

세계 대전의 전사자 수를 웃도는 사망자 수

1914년 7월에 시작된 전쟁은 인류가 처음으로 경험하는 세계적 규모의 전쟁이었으므로 제1차 세계 대전으로 불린다. 병력을 채우기 위해 식민지에서도 대규모 동원이 이루어진 까닭에 아시아와 아프리카, 오세아니아 지역의 주민들까지 전쟁의 당사자가 되었다. 게다가 전차와 지뢰, 독가스, 상공에서의 폭격 등 살상력이 높은 무기가 다수 등장함에 따라 과거의 어떤 전쟁보다도 커다란 인명 피해가 발생해, 1,600만 명 이상이 전사하고 2,000만 명 이상이 부상을 당했다고 한다.

참으로 비참한 사건인데, 사실은 제1차 세계 대전과 겹치는 시기에 제1차 세계 대전의 전사자보다 더 많은 사망자를 낸 팬데믹이 발생했다. 바로 '스페인 독감'이라고 불리는 인플루엔자의 대유행이다.

스페인 독감은 1918년 3월에 미국 캔자스주의 펀스턴 기지에서 처음으로 확인되었다. 그리고 이 기지에서 출정한 병사들을 통해 유럽에 전파되어, 다음 달에는 서부 전선에서도 확인이 되었다. 제1차 유행은 피해가 비교적 경미했지만 같은 해 8월에 시작된 제2차 유행은 치사율이 높아서, 감염자의 대부분이 증상이 나타나고 이틀 후에 사망하고 말았다. 또한 사망자의 대부분은 20대에서 40대의 장년층이었다. 이 팬데믹이 제1차 세계 대전의 종결을 앞당겼다고 말해도 좋을지 모른다.

제1차 세계 대전이 끝나고 병사들이 귀환함에 따라 스페인 독감은 전 세계로 확산되었고, 그로부터 수년 사이에 전 세계에서 2,500만 명 이상이 목숨을 잃었다. 일본에서는 약 39만 명, 인도에서는 적어도 약 1,250만 명이 사망했다고 하니, 집계되지 않은 사망자를 포함하면 실제 병사자의 수는 5,000만 명에 가까웠을지도 모른다.

바이러스가 발견되기 시작하다

스페인 독감의 병원체는 박테리아(세균)가 아니었다. 유전 정보인 RNA를 내부에 보유했지만 생물의 기본 단위인 세포 구조는 갖지 않은, 생물이라고 단언할 수 없는 무엇인가였다. 그 병원체는 '바이러스'로 명명되었다. 19세기 말에 박테리아가 발견되었을 때, 사람들은 이것을 억제하면 인류가 온갖 감염증에서 해방되리라 생각했다. 그러나 곧 감염증의 병원체 중에 박테리아가 아닌 것이 있음을 알게 되면서 그 희망은 산산이 부서지고 말았다.

바이러스 발견의 돌파구를 연 인물은 러시아의 미생물학자인 드미트리 이바노프스키(1864년~1920년)다. 당시 러시아 남부에서는 담뱃잎에 모자이크 모양의 반점을 만들며 성장을 저해하는 식물 감염증이 발생하고 있었는데, 현지 조사에 나선 이바노프스키는 감염된 담뱃잎을 압착해서 얻은 액체가 토기 필터를 통과한 뒤에도 감염력을 잃지 않는다는 사실을 발견했다. 그리고 네덜란드의 미생물학자인 마르티누스 베이에링크(1851년~1931년)는 1898년에 그 병의 인자가 세포 속에서만 증식하는 것을 관찰한 뒤 '감염성의 살아 있는 액체'라고 불렀다. 이것이 바이러스의 발견이다.

또한 같은 해에 독일의 프리드리히 뢰플러(1852년~1915년)와 파울 프로쉬(1860년~1928년)가 소 등의 가축에 감염되는 구제역의 병원체가 세균보다도 작다는 사실을 발견했다. 이것이 동물 바이러스의 최초 발견 사례로, 이후 신종 바이러스가 속속 발견되었다. 인간에게도 감염된다는 사실을 알게 된 최초의 사례는 일본의 노구치 히데요(1876년~1928년)의 목숨을 앗아간 것으로도 유명한 황열병 바이러스다.

현대와의 가장 큰 차이는 백신의 부재

인플루엔자는 1918년에 갑자기 출현한 것이 아니었다. 19세기 중엽까지 6회에 걸쳐 인플루엔자로 의심되는 팬데믹이 발생한 바 있었다.

인플루엔자라고 단정할 수 있는 가장 오래된 사례는 1889년부터 이듬해에 걸쳐 당시 러시아의 통치를 받고 있었던 중앙아시아의 부하라에서 발생한 것으로, 철도를 통해 유럽으로, 선박을 통해 미국으로 확산되어 전 세계에서 약 100만 명의 목숨을 앗아갔다.

인플루엔자는 돼지나 조류에서 시작된 것이라도 인간에게 감염되는 경우가 있다. 특히 하늘을 이동하는 새에게는 국경 따위 무의미하기 때문에 새를 통한 감염 확대는 막기가 매우 어렵다. 감염된 새가 양계장이나 양돈장에 섞여 들어가면 순식간에 감염이 확대되어 대량의 살처분을 해야 하는 상황이 된다. 그 고기를 먹은 사람이 감염될 위험성도 있기 때문이다.

인플루엔자는 일반적으로 비말을 통해 호흡기에 감염된다. A형과 B형의 두 종류가 있으며, 본래의 감염력은 약하지만 특히 A형에서 변이종이 나타났을 때 팬데믹이 발생한다.

스페인 독감이 유행한 1918년 당시가 현재와 가장 다른 점은 백신이 없었다는 것이다. 또한 효과가 있는 의약품도 없었다. 초기 증상에서 중증화되기까지의 시간이 짧아 고령자나 체력이 약한 사람뿐만 아니라 건장한 젊은이들도 픽픽 쓰러졌다. 중증화의 가능성이 높은 사람과 그렇지 않은 사람을 나누는 기준도 알지 못했기에 신종 코로나 바이러스의 유행 초기와 마찬가지로 전 세계가 공포에 떨었을 것이다.

장래성 있는 인재가 젊은 나이에 목숨을 잃는 것은 사회적으로 매우 큰 손실이라고 말할 수 있다. 또한 누가 감염되고 또 중증화될지 알 수 없다는 부조리함은 예를 들면 강제로 러시안룰렛에 참가하는 것과 비슷하다. 모든 증상에 효과가 있는 특효약은 없으며, 해열제 등 개별 증상에 대한 치료약만 있을 뿐이다. 중증화되었을 경우 살 수 있을지 어떨지는 그 사람의 체력과 운에 달려 있었다. 유아의 경우는 인플루엔자 뇌염이나 인플루엔자 뇌증 같은 합병증의 우려도 있었다. 콜레라나 이질은 음식물에 주의하면 되지만, 인플루엔자나 결핵은 막을 방법이 없었다.

이 스페인 독감이 유행했을 때도 이번의 신종 코로나 바이러스와 마찬가지로 '마스크를 착용하고 자주 손을 씻는' 예방책이 장려될 뿐이었다. 당시의 광고도 남아 있는데, 바로 이 시기인 1886년에 창업한 미국의 제약 회사 존슨앤드존슨이 기존의 외과용 마스크 기술을 응용해 '감염 예방'을 세일즈 포인트로 내세운 일반용 마스크를 대량 생산하기 시작했다.

스페인 독감이 유행했을 때 일본에서 제작된 포스터
[내무성 위생국 제작, 《유행성 감기》, 1933년 3월, 국립보건의료과학원 도서관 소장]

변이하기에 위험한 인플루엔자 바이러스

효과적인 치료법이 없으면 백신의 개발을 진행하는 수밖에 없는데, 그러려면 바이러스를 특정해야 한다.

1920년대에는 큰 연구 성과가 없었지만, 1931년에 미국의 리처드 쇼프(1901년~1966년)가 돼지의 인플루엔자 바이러스를 분리해 내는 데 성공하면서 상황이 진전되었다. 1933년에는 영국의 윌슨 스미스(1897년~1965년)와 크리스토퍼 앤드류스(1896년~1988년), 패트릭 레이드로(1881년~1940년)가 인간의 인플루엔자 바이러스를 분리해 내는 데 성공했고, 그 바이러스는 A형으로 명명되었다. 그 후 다른 연구자가 1940년에 분리해 낸 것은 B형, 1949년에 분리해 낸 것은 C형으로 명명되었다.

다만 백신을 만드는 데 성공했다고 해서 인플루엔자의 공포로부터 해방된 것은 아니었다. 다른 수많은 감염증들은 한 번 걸리면 항체가 생겨서 평생 면역이 되기에 한 번의 예방 접종이 평생 동안 효과를 발휘하지만, 인플루엔자 바이러스의 경우 변이를 거듭하기 때문에 이전에 맞은 백신이 효과를 발휘하지 못한다. 그래서 바이러스가 변이할 때마다 새로운 백신을 개발해야 한다. 다음에 어떤 인플루엔자 바이러스가 유행할지 예상해 그 바이러스에 대한 백신을 제조하는 것이다. 제대로 된 데이터도 없는 상황에서 예측하는 것이라 예측이 빗나갈 때도 있기 때문에 중증화되는 사람의 수를 줄인 것만으로도 다행으로 여겼다.

항인플루엔자 바이러스제인 뉴라미니다아제 저해제가 개발된 것은 훨씬 더 시간이 지난 20세기 말이다. 21세기에 들어와서는 먹는 약인 타미플루, 흡입제인 리렌자, 이나빌, 정맥 주사제인 라피악타 등이 잇달아 실용화되었지만, 이들 치료약은 전부 조직적으로 개발되었기에 개발 시기를 언제로 봐야 할지 알기가 어려운 것이 현실이다. 또한 같은 이유에서 특정 개인의 공적이라고 단정할 수도 없다. 이것은 항인플루엔자 바이러스제만의 이야기가 아니라 20세기 후반 이후의 의약·제약 업계 전체에 공통되는 경향이다.

전자 현미경의 도입으로 백신의 개발이 가속화되었다

백신을 개발하기 위해서는 병원체를 특정할 뿐만 아니라 그것을 순수 배양하는 기술도 필요했다.

일본 뇌염의 경우, 1935년에 감염된 인간의 뇌에서 처음으로 바이러스를 분리해 내는 데 성공했다. 제2차 세계 대전 이후에는 백신 개발도 성공해, 1924년에 6,125명에 이르렀던 일본 뇌염 환자가 1972년에는 100명 전후까지 감소했다. 예방률 100%까지는 이르지 못했지만 백신의 효과는 확실했다.

백신 개발에 커다란 전기가 된 것은 1938년에 도입된 전자 현미경이다. 전자 현미경 덕분에 바이러스의 크기와 구조가 밝혀짐으로써 바이러스 본체에 대한 이해가 깊어진 것이다.

유전자를 만드는 물질에는 불안정한 RNA(리보핵산)와 비교적 안정적인 DNA(디옥시리보핵산)의 두 종류가 있다. 영국 케임브리지 대학교의 두 과학자인 제임스 왓슨(1928년~)과 프랜시스 크릭(1916년~2004년)이 DNA란 디옥시리보스와 인산으로 구성된 이중 나선 구조이며 함유하는 염기는 아데닌, 구아닌, 티민, 사이토신의 네 종류라는 사실, 이것들의 배열에 따라 단백질의 아미노산 배열이 결정된다는 사실을 발견하고 1953년 4월에 논문을 발표했다.

이 발견으로 바이러스의 발견과 백신의 개발이 가속화된다. 이중 나선 구조와 염기의 배열 같은 유전자의 설계도를 손에 넣음으로써 섞여 들어온 이질적인 존재를 특정하기가 쉬워졌고, 그것을 제거할 방법도 찾아내기가 용이해졌다. 가령 폴리오(소아마비) 연구의 경우, 이미 미국의 미생물학자인 존 프랭클린 엔더스(1897년~1985년)가 폴리오 바이러스를 신경 이외의 조직에서 배양하는 데 성공하는 등 백신 개발의 직전 단계까지 와 있었다. 엔더스는 이 공적으로 1954년에 노벨 생리학·의학상을 받았다. 그리고 이런 상황에서 역시 미국의 연구자인 조너스 소크(1914년~1995년)가 이른바 소크 백신을 개발했다.

그러나 스페인 독감은 이런 발견과 개발이 있기 이전, 인류가 감염증에 대해 무력한 시기에 유행했다. 그래서 제1차 세계 대전의 전사자보다도 많은 희생자를 내고 전쟁의 종식을 앞당길 만큼 맹위를 떨쳤던 것이다.

여담이지만, 제1차 세계 대전의 강화 조약에서 패전국 독일에 너무나도 거액의 배상금을 부과한 까닭에 독일은 연합국에 강한 복수심을 품게 되었으며 이것은 훗날 나치의 대두를 허용한 요인 중 하나가 되었다. 사실 승전국 중 하나인 미국의 우드로 윌슨 대통령(재임 1913년~1921년)은 독일에 가혹한 배상을 요구하는 것에 부정적이었지만 급병으로 쓰러지는 바람에 회의의 주도권을 강경파인 영국과 프랑스에 넘겨줄 수밖에 없었는데, 윌슨을 쓰러트린 병은 바로 스페인 독감이었다.

항생 물질과 제2차 세계 대전

연합군을 구한 설파제와 페니실린

설파제 덕분에 목숨을 구한 영국의 처칠 총리

19세기까지는 감염증에 걸리거나 전쟁터에서 부상을 당하면 죽는 경우가 매우 많았다. 다만 그들의 숨이 끊어지기까지는 어느 정도 시간이 걸리기에, 환자를 간호하거나 부상자를 돌보던 사람들은 무엇인가 좋은 방책이 있었다면 생명을 구할 수 있었을지도 모른다는 생각에 안타까워했을 것이다. 사람들의 그런 안타까운 심정에 부응코자 개발이 진행된 것이 항균제이며 항생 물질이었다.

병원균만을 노려서 사멸시키는 항균제가 본격적으로 사용되어 수많은 감염증을 극복하게 된 것은 제2차 세계 대전 이후다. 다만 여기에 이르기까지의 과정은 당연히 존재했다. 코흐의 전염병 연구소에서 공부한 사람들은 코흐의 이름에 먹칠을 하지 않도록 연구를 거듭해 잇달아 성과를 냈다. 가령 기타자토 시바사부로는 파상풍의 항독소를 이용한 면역 혈청 요법을 확립했고(1890년), 프랑크푸르트의 혈청 연구소 소장인 파울 에를리히(1854년~1915년)는 하타 사하치로(1873년~1938년)와 공동으로 살바르산을 발견했다(1910년).

살바르산은 매독 스피로헤타 감염증의 특효약으로서 많은 사람을 구했다. 그러나 매독 이외에는 효과가 없었으며, 비소가 들어 있기 때문에 부작용이 심한 것도 걸림돌이었다. 그래서 독일의 거대 화학 기업인 IG파르벤의 의약 연구 부문이 연구를 거듭했는데, 황을 포함하는 어떤 화합물이 항균 작용을 한다는 사실을 알게 되어 1935년에 프론토실이라는 이름으로 발표했다. 그리고 프론토실은 그 상태로는 효과가 없으며 유효 성분은 몸속에서 분해된 뒤에 생기는 설폰아미드라는 사실이 나중에 밝혀진다.

설폰아미드기를 함유한 화학 요법제는 설파제로 불렸다. 그 효과는 중증의 폐렴을 앓던 윈스턴 처칠 총리나 급성 부비강염으로 빈사 상태에 빠졌던 루스벨트 미국 대통령의 아들을 구함으로써 세계적으로 알려지게 되었다. 만약 이 두 사람, 특히 처칠이 폐렴으로 목숨을 잃었다면 역사는 다른 방향으로 흘러갔을지도 모른다.

나치로부터 도피한 유대인이 페니실린의 추출에 성공하다

살바르산과 설파제는 둘 다 화학 합성된 화학 요법제다. 그러나 이어서 등장하는 항생제는 이런 화학 요법제와는 완전히 이질적이며 그 발견도 우연의 산물이었다. 발견자는 영국의 알렉산더 플레밍(1881년~1955년)이고, 발견된 항생 물질은 페니실린으로 명명되었다.

런던의 세인트메리 병원 의학교의 의사였던 플레밍은 박테리아의 배양 실험에 실패한 뒤 표본을 폐기하지 않고 그대로 방치했다. 단순히 게을러서인지 너무 바쁜 나머지 잊어버린 것인지는 분명하지 않지만, 며칠 후 플레밍은 배양 접시에 섞여 들어간 푸른곰팡이가 포도상구균의 번식을 억제하고 있다는 사실을 깨달았다. 그리고 1929년에 푸른곰팡이를 생산하는 항균 인자를 페니실린이라는 이름으로 발표했다.

그런데 문제는 불안정한 물질인 까닭에 제품화의 길이 험난하다는 것이었다. 결국 페니실린의 추출에 성공한 인물은 옥스퍼드 대학교의 생화학자인 언스트 보리스 체인(1906년~1979년)이었고, 인간 환자에게 투여해 페니실린의 효과를 실증한 인물은 같은 대학교의 병리학자인 하워드 플로리(1898년~1968년)였다. 페니실린이 발견되어서 실용화되기까지는 이처럼 세 사람의 멋진 연계 플레이가 있었던 것이다. 그래서 이 세 명은 1945년에 노벨 생리학·의학상을 공동으로 수상한다.

페니실린의 추출에 성공한 체인은 독일의 베를린 출신으로, 유대계 러시아인 아버지와 독일인 어머니 사이에서 태어났다. 그러나 앞에서도 이야기했지만 당사자는 자신이 유대계 독일인이라고 생각해도 나치당의 기준에서는 독일에 사는 유대인일 뿐이었기에 체인도 반유대 운동의 압력을 무시할 수는 없었다.

1932년에는 물리학자인 알베르트 아인슈타인이 미국을 방문하기 위해 독일을 떠난 뒤 두 번 다시 독일로 돌아오지 않았다. 체인도 독일에서 안전하게 사는 것은 어렵다고 판단하고 영국으로 이주한다. 제5장의 1에서 1933년부터 독일과 오스트리아에서 두뇌 유출이 가속화되었다고 이야기했는데, 체인 역시 같은 해에 영국으로 이주했다. 훗날 페니실린이 수많은 부상자를 구했음을 생각하면 독일로서는 아쉬운 두뇌 유출이었다.

사망자의 수를 획기적으로 줄여 연합국의 승리에 공헌하다

실용화의 다음 단계는 양산화다. 언뜻 간단해 보이지만, 사실은 이것도 결코 쉬운 문제가 아니었다. 성공했을 경우의 이익은 엄청나지만 실패했을 때의 손실도 큰 까닭에 사운을 건다는 각오로 시도해야 했던 것이다.

제2차 세계 대전이 발발함에 따라 항균제의 수요는 자릿수가 달라질 만큼 증가했다. 그러나 동시에 의약품의 전반적인 수요도 증가했기 때문에 영국의 회사들은 투기적인 신규 사업에 뛰어들기를 주저하고 있었다. 이윽고 영국과 독일 사이에 전쟁이 벌어져 영국 본토에 대한 공습이 시작되자 영국 국내의 생산은 절망적인 상황이 되었다.

상황이 이렇게 되자 플로리는 기민하게 행동에 나섰다. 오스트레일리아 출신인 그는 친구와 지인이 많은 미국으로 가서 제약 회사의 임원과 과학자, 관리 등을 찾아다니며 열심히 설득했고, 그 결과 1891년에 설립된 머크, 1887년에 설립된 스퀴브, 1849년에 설립된 화이자 등이 개발에 착수했다. 그리고 이 가운데 화이자가 1944년에 딥 탱크 발효 기술을 이용해 페니실린을 양산하는 데 성공했다. 노르망디 상륙 작전에서 연합군이 휴대했던 페니실린의 90%, 그 후 전쟁이 끝날 때까지 연합군이 사용한 페니실린의 절반이 화이자의 제품이었다. 수많은 생명을 구해 사망자의 수를 획기적으로 줄임으로써 연합국의 승리에 크게 공헌한 것이다.

그런데 페니실린을 발견한 플레밍은 한시라도 빨리 실용화될 수 있도록 일부러 페니실린의 특허를 취득하지 않았다. 여기에 연구 데이터도 공개되어 있었기 때문에 어떤 나라에 사는 누구든 페니실린을 개발할 기회가 있었다. 독일을 경유해서 자료를 입수한 일본에서도 1944년 2월부터 푸른곰팡이의 수집을 시작했는데, 여기에는 육군 군의관이었던 이나가키 가쓰히코의 역할이 컸다. 그는 분주히 뛰어다니며 군의 상층부를 움직여 잠수함으로 독일에 갔고, 동맹국인 독일에서 최대한 정보를 수집한 다음 역시 잠수함을 타고 돌아왔다. 그리고 모리나가제과와 반유제약의 협력 아래 같은 해 12월에 페니실린을 제조하는 데 성공했다. 완성된 페니실린은 녹색을 띠었기 때문에 '푸를 벽(碧)' 자를 써서 '벽소'라고 불렸다. 벽소는 군에서 우선적으로 사용되었지만, 1945년의 도쿄 대공습 때는 구호반도 소량의 벽소를 사용했다.

인류가 감염증을 극복하기 위해 반드시 필요한 항균제

페니실린은 외상이나 결핵뿐만 아니라 폐렴, 매독, 성홍열, 기관지염에도 효과적이었다. 페니실린의 발견을 계기로 자연계에서 새로운 항생제를 찾는 조사가 활발해졌고, 그 결과 항생제의 가짓수가 늘어나게 된다.

그중에서도 특필할 만한 것은 결핵에 효과가 있는 최초의 항생제인 스트렙토마이신이다. 이것은 1944년에 우크라이나 출신의 미생물학자인 셀먼 에이브러햄 왁스먼(1888년~1973년)이 발견했다. 제2차 세계대전이 발생하기 전까지 일본의 사망 원인 1위는 결핵이었다. 그러나 전쟁이 끝난 뒤 스트렙토마이신이 보급되자 사망률이 급속히 하락해, 1950년경부터는 사망 원인 1위를 뇌졸중에 넘기게 된다.

스트렙토마이신 외에도 여러 가지 미생물에서 항생 물질이 차례차례 발견되었고, 여기에 화학 합성을 가한 항균제도 다수 제품화되었다. 이에 따라 대부분의 감염증이 치료 가능해지면서 인류는 감염증의 극복에 크게 다가갔다.

항생제의 개발과 보급은 감염증을 제압하는 데에 매우 큰 효과가 있었다. 그러나 한편으로는 중대한 문제점도 있었다. 항생제에 내성을 지닌 병원균이 출현한 것이다. 항생제의 과잉 투여가 초래한 필연적인 결과였다.

현재는 세포벽 합성 저해제인 반코마이신이 최후의 보루로 불리고 있지만, 그런 반코마이신조차도 효과가 없는 병원균이 이미 발견되었다. 더 강력한 항균제의 개발과 그것조차 효과가 없는 병원균의 탄생이라는 술래잡기는 앞으로도 영원히 계속될지 모른다.

페이스메이커와 동서 냉전

소련 지도자의 생명을 지탱했던 서방의 최신 기술

자신의 심장에 카테터의 삽입을 시도한 젊은 연수의

20세기의 의료 기술은 장기의 이상을 약으로 치료하거나 문제가 있는 부분을 절제해서 치료하는 수준에 도달했다. 여기까지 온 이상, 더 욕심이 나는 것은 전혀 이상한 일이 아니다. 쇠약해진 장기를 보완하기 위해 어떤 장치를 몸속에 심어 넣거나 쇠약해진 장기를 떼어내고 다른 사람의 건강한 장기를 이식하는 기술이 개발되었다.

어떤 장기든 문제가 발생하면 생명의 유지를 위협하지만, 그중에서도 중요한 기능을 하는 장기라면 역시 심장이다. 심장의 박동과 호흡이 멈춘 상태를 심폐 정지라고 한다. '심폐 정지 = 죽음'까지는 아니지만, 10분 이상 구명 조치를 하지 않으면 매우 높은 확률로 죽음에 이른다. 심폐의 규칙적인 활동은 그만큼 중요하다.

심장병 중에서도 특히 무서운 것은 협심증과 심근 경색이다. 심장의 근육에 혈액과 산소를 보내는 관상동맥이 어떤 이유로 막히거나 좁아져서 발생한다. 협심증이나 심근 경색의 검사와 치료를 위해서는 카테터라고 부르는 유연한 의료용 관을 몸속에 삽입해 심장 근처까지 보내야 한다. 그러나 이론상으로는 가능함을 알면서도 다들 실천하기를 주저했다. 성공 사례는 고사하고 실패 사례조차 없는 상황이라, 이론대로 실험을 진행하더라도 시술 중에 예상치 못한 상황이 한 가지라도 발생하면 어떻게 대처해야 할지 알 수 없었기 때문이다. 대상이 심장이다 보니 실패는 피험자의 죽음으로 직결될 수 있었기에 베테랑 의사조차도 겁을 먹었다.

그러나 독일 베를린 대학교를 졸업한 젊은 의사 베르너 포르스만(1904년~1979년)만은 달랐다. 국가시험에 갓 합격해 연수의로서 베를린 교외의 작은 병원에서 일하고 있었던 그는 "말의 혈관을 통해서 카테터를 심장에 삽입해 혈압을 측정했다"라는 기록을 의학서에서 발견하고 공포심을 덮어 버릴 정도의 호기심을 느꼈다. 그래서 먼저 상사에게 실험을 의논했지만, 일언지하에 퇴짜를 맞았다. 그의 생각을 지지해 주는 사람도 없었다. 그러나 포르스만은 포기하지 않고 간호사 한 명의 도움을 받으며 자신을 실험체로 한 실험을 시작했다. 자신의 팔

정맥을 통해서 카테터를 삽입하고 다른 쪽 손을 사용해 65cm 정도 밀어 넣은 다음, 엑스선 촬영을 해서 카테터가 심장에 도달했음을 확인했다. 그리고 1929년에 이 결과를 의학 잡지에 발표했다.

그때까지 누구도 이루지 못했던 위업을 달성한 것이었지만, 사람들은 그에게 찬사를 보내기는커녕 '위험하고 무가치한 실험'이라며 비판했다. 지도 교수도 이것은 의료가 아니라 서커스라고 비판할 정도였다. 연구실에서도 버림받은 포르스만은 의욕을 잃고 대학을 떠나 지방에서 개업의로 조용히 살게 되었다.

그러나 자신의 몸을 실험체로 사용하면서 이루어 낸 포르스만의 위업이 이대로 묻혀도 될 리가 없었다. 미국의 컬럼비아 대학교에서 호흡기 생리학을 연구하던 앙드레 쿠르낭(1895년~1988년)과 디킨슨 리처즈(1895년~1973년)는 개량한 카테터로 심장이나 폐동맥 속의 혈압과 산소 함량을 측정하는 데 성공했다. 이렇게 해서 1940년대부터 카테터를 이용한 혈관 조영술이 심장을 비롯한 각종 장기의 검사에 널리 활용되기 시작했고, 이에 따라 포르스만도 심장 카테터술의 선구자로서 각광을 받게 되었다. 그리고 1956년, 포르스만은 쿠르낭, 리처즈와 함께 노벨 생리학·의학상을 수상했다. 사실 같은 시기에 심장까지 카테터를 삽입한 의사는 그 밖에도 몇 명이 있었던 듯하지만, 증거가 되는 엑스선 촬영을 한 사람은 포르스만뿐이었기 때문에 그에게 제1호라는 영예가 주어진 것이다. 자신을 이상한 사람으로 바라보던 주위의 시선에 굴하지 않고 탐구심을 충족하고자 노력했기에 얻을 수 있었던 영광이다.

20세기 후반에는 심장 카테터술 이외에도 순환기계를 치료하는 다양한 의료 기술이 개발되어 수많은 생명을 구하게 되었다. 대표적인 심장 질환으로는 부정맥, 협심증, 심근 경색 등을 들 수 있다. 부정맥은 심장의 박동이 불규칙하거나 박동 수가 비정상적인 상태로, 주로 자극 전도계의 장애로 발생한다. 어지럼증이나 실신 등 심부전의 증상이 나타난다면 중증이다. 부정맥의 치료법으로는 현재 심장 페이스메이커가 사용되고 있다. 협심증과 심근 경색은 양쪽 모두 관상동맥의 동맥 경화로 심근의 혈류량과 산소 공급이 줄어서 생기는 질병이며, 이는 생명의 위협으로 직결된다. 치료법으로는 혈관을 다시 연결하는 바이패스 수술이 개발되었고, 카테터를 사용한 풍선 혈관 형성술(풍선이 달린 카테터를 관상동맥의 좁아진 부분에 넣어서 넓힌다)이나 관상동맥 스텐트(그물 모양의 금속제 관을 관상동맥의 좁아진 부분에 넣어서 넓힌다) 등도 널리 시행되고 있다.

미국의 도움으로 생명을 연장한 브레즈네프

일상 속에서는 우리 주변의 누가 페이스메이커를 사용하고 있는지 알기 어렵지만, 현대사를 되돌아보면 국가나 국제 사회의 지도자층에 페이스메이커를 사용했던 사람이 많다는 사실을 알게 된다.

레오니트 브레즈네프(1906년~1982년)는 동서 냉전의 시대에 한쪽 진영의 수장을 맡았던 권력자다. 1964년부터 18년 동안 소련의 최고 지도자인 공산당 서기장을 역임했다. 제2차 세계 대전은 파시즘 진영의 패배로 끝이 났지만, 전쟁이 끝나고 몇 년 후에는 동서 냉전이 시작되었다. 유럽도 둘로 갈라졌고, 독일은 나라뿐만 아니라 수도인 베를린까지도 동서로 양분되고 말았다. 한반도도 남북으로 분단되었다. 미국이 이끄는 서방 진영과 소련이 이끄는 공산 진영이 직접 대결을 피하는 가운데 제3세계에서 대리전쟁을 펼치고 전 세계에서 첩보전을 전개하는 시대가 계속되었다.

일본은 서방 진영에 가담했고, 제3세계의 국가들은 대부분 정치 체제와 상관없이 권력자의 의향에 따라 어느 한쪽 진영에 가담했다. 중동의 경우 튀르키예와 이스라엘, 사우디아라비아, 이란은 서방 진영에, 나머지는 대부분 이스라엘에 대한 증오심으로 인해 공산 진영에 가담했다.

공산 진영의 핵심 인물인 브레즈네프는 부정맥으로 인한 발작 때문에 고민하다 1976년에 아직 적대 관계였던 미국에서 페이스메이커를 수입해 장착했다. 소련이 외교적으로나 군사적으로나 어려움에 처했던 시기다. 그 원인은 여러 가지가 있지만, 첫째는 경제의 침체였고 둘째는 중국과의 대립이었다. 똑같이 공산주의를 내걸었지만 이데올로기의 대립이 심했던 소련과 중국은 때때로 국경에서 무력 충돌을 일으켰다. 이에 적의 적은 아군이라는 논리에서 중국이 미국과의 관계 정상화에 나선 결과, 중·소 연합 대 미국에서 소련 대 미·중 연합으로 냉전 구도에 변화가 나타났던 것이다.

냉전이 '뜨거운 전쟁'으로 발전하지 않았던 가장 큰 요인은 핵무기였다고 보는 견해가 있다. 일단 스위치를 누르면 핵미사일이 발사되어 지구상의 모든 생명체가 죽고 만다. 초강대국들이 전면적인 핵전쟁에 돌입한다면 그것은 인류 최후의 전쟁이 될 것이며 승자가 없는 결말이 기다릴 뿐이다. 이것은 자명한 사실이었기에 미국과 소련 양쪽 모두 파멸로 이어지는 행동을 피한 것이다. 그러나 핵무기는 유지하는 데만도 엄청난 비용이 들기 때문에 미국에도, 소련에도 큰 부담이 되고 있었다.

미국과 소련 모두 교착 상태에 빠진 가운데, 1978년에 친미 국가인 이란에서 반정부 운동이 활발해진다. 반이슬람과 근대화 정책을 강행하며 비밀경찰을 동원해 공포 정치를 추진하는 왕정에 대해 쌓이고 쌓였던 국민의 분노가 마침내 폭발한 것이다. 이듬해 1월에는 국왕 일가가 이란을 떠나는 상황이 벌어졌고, 그 대신 프랑스로 망명했던 시아파의 대학자 호메이니가 귀국한다. 정권을 장악한 호메이니는 반미, 반이스라엘의 기치를 내걸었을 뿐만 아니라 종교를 부정하는 공산주의도 적대시해 반소련의 자세를 드러냈다.

이에 따라 이란을 중동의 대리인으로 삼아 왔던 미국은 정책을 변경해야 했다. 소련은 이 기회를 놓치지 않고자 이란과 국경을 마주하고 있는 아프가니스탄에 대한 관여를 강화하지만, 아프가니스탄의 공산주의 세력이 너무나도 약했기 때문에 같은 해 말에 아프가니스탄

침공을 단행한다. 그 목적은 각지에 할거하는 반정부 무장 세력을 격멸하는 것이었다. 그러나 결국 브레즈네프의 이 판단이 소련의 해체로 이어지게 된다.

종교를 부정하는 초강대국이 침략하자 아프가니스탄에서는 그때까지 조용히 지켜보고만 있었던 자들까지 속속 무기를 들고 저항하기 시작했다. 그들은 '무자헤딘(성전사)'으로 불렸다. 여기에 미국이 그들에게 최신예 무기 등을 제공하고 훈련과 자금까지 지원함에 따라 전황은 장기화되었다. 베트남 전쟁에서 미국이 빠져들었던 수렁에 이번에는 소련이 빠져드는 형태였다.

침공의 장기화는 소련의 경제에 직접적인 타격을 입혔다. 군비 확장 경쟁만으로도 비명 소리가 나오고 있었는데 또 하나의 골칫거리를 떠안게 되었으니 당연한 일이었다. 또한 전사자와 포로의 증가는 사람들의 마음을 동요시켰고, 전쟁터에 아들을 보낸 어머니들을 중심으로 반전 운동이 활발해졌다. 이처럼 브레즈네프가 사망했을 무렵의 소련은 진퇴양난의 상황에 빠져 있었다.

브레즈네프는 냉전 상황의 소련을 지키기 위해 적의 진영에서 수입한 페이스메이커를 장착하고 진두지휘를 계속했지만, 영향력을 확대할 의도로 내렸던 판단이 국가의 해체를 초래하는 참으로 얄궂은 결과를 불러오고 말았다.

체내 장치의 해킹이라는 새로운 위협

브레즈네프 이외에도 제일선에서 물러난다는 결정을 쉽게는 내릴 수 없었던 전 세계의 수많은 지도자가 페이스메이커에 의지했다. 서독의 헬무트 슈미트(1918년~2015년)도 그중 한 명이다. 동서 냉전 중의 서독은 말하자면 서방 진영의 최전선이었다. 만약 제3차 세계 대전이 일어난다면 전쟁터가 될 가장 유력한 후보로 꼽히는 중요 지점이었다. 그럼에도 단독으로 과반수를 차지하는 정당이 나타나지 않아 연립 정부 상태가 계속되었는데, 이러한 상황 속에서 1974년부터 1982년까지 총리를 맡았던 인물이 독일 사회민주당의 슈미트였다. 그가 심장에 페이스메이커를 장착한 때는 1981년 10월이다. 자신이 없으면 안 된다는 사명감으로 수술에 임했겠지만, 퇴원한 지 얼마 되지 않았을 때 불신임안이 가결되어 퇴진해야 했다.

싱가포르의 리콴유(1923년~2015년)는 페이스메이커를 장착하고 활약한 '국가의 얼굴'로도 부를 수 있는 인물이다. 도시 국가인 싱가포르는 자급이 불가능한 것이 많기 때문에 비동맹·무장 중립을 국가 이념으로 삼았다. 주민 구성은 싱가포르 국적 소유자가 70%에 외국인이 30%이며, 국적 소유자의 97%가 중국계와 말레이계, 인도계로 구성되어 있다. 그래서 말레이시아로부터 독립한 초기부터 싱가포르 정부는 영어, 중국어(만다린어), 말레이어, 타밀어의 네 개 언어를 공용어로 삼으면서도 영어와 중국어의 보급·교육에 힘을 쏟았다. 내적으로는 정체성을 구축하고 외적으로는 동남아시아의 평화 공존에 힘쓴다는 과제를 수행해 낼 수 있는 인재는 그리 많지 않기 때문에 리콴유로서는 쉽게 은퇴할 수 있는 상황이 아니었다.

정치가만이 아니다. 북마케도니아 출신의 테레사 수녀(1910년~1997년)도 페이스메이커 이용자 중 한 명이었다. 테레사 수녀는 인도의 콜카타를 거점으로 국제적인 구빈 활동을 펼쳐 1979년에 노벨 평화상을 받았다. 신을 섬기는 몸이기에 휴식도 은퇴도 없다고 생각해서인지, 페이스메이커를 장착하고 평생을 현역으로 활동했다.

공화당의 조지 부시 정권에서 부통령을 지낸 딕 체니(1941년~)는 심장병을 앓았기 때문에 2006년 1월에 페이스메이커를 장착했는데, 한창 '테러와의 전쟁'을 벌이던 시기여서 테러리스트에게 해킹당할 것을 우려해 몸속의 제세동기를 무선으로 관리할 수 있는 기능을 무효화했다고 알려져 있다. 제세동기는 불규칙한 심장 박동을 감지해 전기 충격으로 제어하는 장치로, 원격 조작이 가능한 제품이었다고 한다.

페이스메이커를 개발한 사람으로서는 목숨을 구하기 위해 몸속에 심어 넣은 기계가 정보 통신의 발달로 오히려 최대의 위협이 될 줄 상상도 못 했을 것이다. 의학의 진보가 암살 기술의 진보도 견인하고 있다니 그저 놀라울 따름이다.

column 05

근대 의학의 발전(20세기)

병과 싸울 수단을 얻어, 감염증을 거의 제압하다

19세기 이후 의학에서 과학의 역할이 매우 커진 것은 앞 장에서 이야기한 대로다. 18세기까지의 의학은 과학과 거의 관계가 없었다. 그 시대의 의료는 경험과 식물약, 그리고 근거가 없는 이론에 의지하고 있었다. 다만 근거가 없는 이론이라고 해서 마냥 무의미하기만 한 것은 아니었다. 이 역시 환자를 안심시키는 데 필요한 기술이었다. 어떤 시대에든 의사의 사명은 환자의 생명과 건강을 지키는 것이었다. 그리고 20세기에 들어오면서 비로소 과학적으로 근거가 있고 실질적으로도 효과가 큰 다양한 의료 기술이 속속 개발되기 시작했다.

이 시기의 가장 큰 공적은 항생 물질의 개발, 그리고 바이러스의 발견과 백신의 개발이라고 단언할 수 있다. 한 번의 유행으로 수많은 사망자를 내는 감염증을 거의 제압하는 데 성공했기 때문이다. 또한 20세기 후반에는 의료 기술 중에서도 순환기 질환에 관한 기술의 발달이 두드러졌는데, 그 계기는 심장을 비롯한 순환기가 기계와 비슷한 구조임을 알게 된 것이었다. 우리는 기계 장치가 고장이 나면 문제가 있는 부분을 수리하는데, 장기도 같은 원리로 치료하면 된다. 바이패스 수술도 페이스메이커의 장착도 기계의 수리에서 힌트를 얻었다.

의사를 지망하는 학생은 의무적으로 인체 해부 실습을 하고 있으며, 간호사 등의 의료직을 지망하는 학생도 인체 해부를 견학하고 있다. 해부에 참가하거나 입회, 견학하는 것의 가장 큰 이점은 인체의 구조를 실감할 수 있다는 것이다. 단순히 지식을 늘리는 데만 연연할 것이 아니라, 가령 심장이라면 심장이 펌프의 역할을 한다는 사실을 객관적으로 확인하는 것이 중요하다. 심장을 실제로 만져 보면 그것이 근육으로 만든 주머니일 뿐임을 알게 되기 때문이다. 그저 책을 읽고 지식을 얻는 데에서 그치지 않고, 인체의 장기를 직접 눈으로 보고 손으로 만진 경험이 있으면 환자에게도 자신 있게 설명할 수 있게 된다.

해부는 인체 자체와 마주하는 행위다. 이것이야말로 과학으로서의 의학의 기본이라는 인식이 의사들 사이에서 널리 공유되고 있는 것이다.

제 6 장

테크놀로지의 빛과 그림자

영상 진단과 고령화 사회

의학의 진보가 초래한 예기치 못한 사태

엑스선 등을 사용해 몸속을 직접 관찰할 수 있게 되다

최근 1세기 동안 의학은 눈부시게 발전했다. 현재 개발이 진행되고 있는 약이나 의료 기술도 적지 않다. 지금까지 의학과 세계사의 관계를 살펴봤는데, 이 장에서는 현재 진행형인 화제로서 최첨단 의학과 그 한계에 관해 이야기하고자 한다.

현대 의학은 사후의 병리 해부에 의존할 필요 없이 살아 있을 때 내장의 병변 등 몸속의 어떤 부분에 문제가 있는지 알아낼 수 있는 수준까지 도달했다. 영상 진단 덕분에 병리 해부를 한 것과 거의 차이가 없는 진단이 가능해진 것이다.

살아 있는 사람의 몸속을 진찰할 수 있게 된 계기는 1895년에 독일 뷔르츠부르크 대학교의 물리학 교수인 빌헬름 콘라트 뢴트겐(1845년~1923년)이 발견한 엑스선이다. 이어서 1927년에는 포르투갈의 신경내과 의사인 안토니우 에가스 모니스(1874년~1955년)가 요오드(아이오딘)를 함유한 조영제를 개발해 뇌동맥의 촬영에 성공했다. 그리고 1934년에는 이산화토륨을 함유한 조영제가 개발되어 정맥까지 촬영할 수 있게 되었다.

소화관 진찰의 경우 처음에는 비스무트제가 사용되었다. 다만 문제는 독성이 강하다는 것이었는데, 1910년에 본 종합 진찰소의 파울 크라우제가 독성이 약한 조영제로서 황산바륨을 발견한 뒤로 이것을 사용하게 된다. 그리고 1960년대 전반에 지바 대학교 의학부의 시라카베 히코오(1921년~1994년)와 이치카와 헤이자부로(1923년~2014년)가 황산바륨과 함께 발포제를 사용해 탄산가스를 발생시킴으로써 위를 팽창시키는 엑스선 이중 조영술을 개발했다. 이에 따라 위장 진찰의 정확도가 비약적으로 향상되었다.

몸속을 진찰하는 방법은 엑스선만이 아니다. 내시경이나 초음파를 사용한 기술도 개발되었다. '내시경'이라는 말을 생각해 낸 사람은 프랑스의 앙토냉 장 데소르모(1815년~1894년)이지만, 세계 최초로 살아 있는 사람의 위 속을 들여다본 사람은 독일의 아돌프 쿠스마울(1822년~1902년)이다. 쿠스마울이 생각해 낸 방법은 길이 47cm, 지름 13mm

의 곧게 뻗은 금속관을 집어넣는 것이었다. 1868년, 그는 칼을 삼키는 묘기로 먹고사는 곡예사를 피험자로 삼아 위의 내부를 관찰하는 데 성공했다. 그러나 칼처럼 길고 딱딱한 물건을 삼키는 것에 익숙한 곡예사라면 몰라도 일반인이 곧게 뻗은 금속관을 삼키는 것은 거의 불가능한 일이다. 그래서 유연하고 위험성이 없는 관이 요구되었는데, 독일의 의사인 루돌프 쉰들러(1888년~1968년)가 지름 11mm, 길이 75cm의 가스트로스코프라는 연성 위내시경을 발명했다. 끝에서 3분의 1 부분이 어느 정도 구부러지고 관의 내부에 다수의 렌즈가 부착되어 있는 방식이었다.

제2차 세계 대전이 끝난 뒤인 1950년에는 도쿄 대학교 의학부의 우지 다쓰오(1919년~1980년)와 올림푸스광학공업(현재의 올림푸스)이 협력해 작은 카메라와 유연한 관의 끝부분에 광원을 부착한 위 카메라를 발명했다. 이후에도 도쿄 대학교 병원의 다른 의사들이 개량을 거듭했지만, 이 단계에서는 아직 위의 내부를 직접 관찰하지 못했다.

그 과제를 극복한 것은 미국의 기술 개발이었다. 쉰들러가 미국으로 이주함에 따라 미국에서도 연성 위내시경의 사용이 확산되었고, 그 기술을 계승한 바실 허쇼위츠(1925년~2013년)가 1957년에 가는 유리 섬유 다발인 파이버스코프를 이용한 내시경을 개발했다. 휘어져 있어도 빛을 한쪽 끝에서 다른 쪽 끝까지 그대로 전달하는 특성을 지닌 파이버스코프를 사용함으로써 위의 내부를 직접 관찰할 수 있게 된 것이다.

1964년에는 사진 촬영 기능을 갖춘 파이버스코프 위 카메라가 발명되었고, 1970년대 이후에는 CCD 카메라(빛을 신호로 변환해 전송하는 카메라)를 부착한 비디오스코프(전자 스코프)도 등장했다. 내시경으로 관찰할 수 있는 대상도 늘어났고, 영상의 정밀도와 화질도 향상되었다. 또한 관찰과 진단에 그치지 않고 내시경을 사용해 수술이나 치료도 할 수 있게 되었다. 이 분야의 발달은 위암뿐만 아니라 식도, 대장, 기관지 등의 소화관과 기관에 발생할 수 있는 온갖 질환의 조기 발견과 조기 치료로 이어졌다.

몸속을 진찰하는 방법으로는 초음파 검사법도 빼놓을 수 없다. 몸의 표면에서 초음파를 보내 몸속에서 돌아오는 반향을 영상화하는 영상 탐사법이다. 미국의 존 줄리언 와일드(1914년~2009년)와 준텐도 대학교의 와가이 도시오(1924년~2020년) 등이 임상에 응용할 수 있는 장치를 개발해 1970년대부터 보급되었다. 소형이고 간편하게 사용할 수 있는 데다가 생체에 부담을 거의 주지 않는 까닭에 간 등의 복부 내장, 심장의 판막이나 혈류, 경부의 내장과 동맥 경화, 임신 중 태아 등의 진단에 널리 이용되고 있다.

컴퓨터를 이용한 영상 합성이나 카테터를 병용한 수술도

엑스선을 이용해서 몸속을 볼 수 있게 되었지만, 문제는 아직 남아 있었다. 표시되는 영상이 2차원인 탓에 복수의 내장 그림자가 겹쳐서 보인다는 것이다. 이 문제를 극복하기 위해 개발된 것이 컴퓨터를 사용해서 사진을 처리·생성하는 기술인 컴퓨테이셔널 포토그래피다. 컴퓨터 단층 촬영(CT)이 대표적으로, 온갖 각도에서 엑스선을 통과시켜 얻은 정보를 컴퓨터로 정리해 하나의 단면 영상으로 재구축하기에 이것을 이용하면 입체감 있는 골격을 충실히 재현할 수 있다. 영국 EMI 연구소의 고드프리 뉴볼드 하운스필드(1919년~2004년)가 1972년에 이 획기적인 기술을 개발했다.

다만 CT에는 아직 방사선 피폭의 위험성이 있었다. 그래서 인체에 고주파의 자기장을 송신한 뒤 수소 원자의 공명 현상을 검출하는 핵자기공명(NMR)을 이용한 영상 촬영법이 모색되었다. 얻어 낸 신호를 컴퓨터를 이용한 푸리에 변환이라는 변환법으로 재구성해 단면 영상을 그리는 방법이다. 1973년에 미국의 화학자인 폴 라우터버(1929년~2007년)가 이 자기 공명 영상(MRI)의 원리를 제안했고, 1977년에 영국의 물리학자인 피터 맨스필드(1933년~2017년)가 고속으로 촬영하는 방법을 개발했다. 이 MRI는 내장 영역 등 뼈 이외의 조직을 그려 내는데 탁월한 성능을 발휘하기에 의료 영상의 촬영에 널리 사용되고 있다. 다만 MRI도 만능은 아니어서, 심장처럼 끊임없이 움직이는 부분을 촬영하는 데는 그리 적합하지 않다. 그래서 현재는 촬영 대상에 따라 알맞은 방법을 사용하고 있다.

여기에서 끝이 아니다. 인간의 욕심은 끝이 없어서, 최근에는 검사의 공백 지대를 없애고자 캡슐 내시경이라는 것도 등장했다. 일반적인 내시경은 도달하지 못하는 곳까지 관찰하기 위해 카메라가 들어 있는 캡슐을 삼키는 방식이다. 이것을 사용하면 소장까지 관찰할 수 있다. 역할을 마친 카메라는 변과 함께 나오므로 몸속에 머무르며 어떤 지장을 초래할 위험성도 없다. 다만 소장의 병에는 심각한 것이 없기 때문에 굳이 이렇게까지 할 필요는 딱히 없다.

카테터와 다른 전자 기기를 조합한 치료나 수술도 일반적인 일이 되고 있다. 내가 심근 경색의 전조 증상을 일으켰을 때도, 수술이 진행되는 동안 넓적다리의 동맥 부분을 통해서 집어넣은 심장 카테터가 심장의 관상동맥까지 도달해 막힌 부분을 여는 과정을 볼 수 있었다. 환자에게 수술 과정을 그대로 보여 주기에 수술을 담당한 의사로서는 압박감이 매우 컸을 것이다. 뇌경색이나 뇌졸중 수술도 같은 방식으로 진행된다.

생각할수록 처음으로 카테터를 집어넣었던 사람의 용기에 감탄하게 된다. 목표로 삼은 곳에 도달한다는 보장 같은 것은 없었을 터이기 때문이다. 나였다면 잘못해서 다른 부위에 부딪칠지도 모른다는 걱정에 위축되었을 것 같다.

치료할 필요가 없는 부분까지 보이는 것의 폐해

이처럼 영상 진단을 통해 조기 발견과 조기 치료가 가능해진 영역이 비약적으로 증가했지만, 이것은 또 다른 문제점을 낳았다. 굳이 신경

쓰지 않아도 되는 것까지 알아 버리는 게 과연 좋은 일이냐는 문제다. 이를테면 영상에서 병변이 발견되었지만 치료 방법이 발견되지 않은 질병이어서 손을 쓸 도리가 없는 경우가 있다. 또 양성 종양이나 낭포 등 심각한 증상이 아니어서 딱히 치료할 필요가 없는 경우라도, 어떤 장기에 병변이 보인다고 말하면 환자는 이것저것 쓸데없는 걱정을 하게 된다. 자각 증상이 없고 수치에도 나타나지 않는 수준의 이상에 일희일비하게 되어 오히려 스트레스의 원인이 될 수도 있다.

제2차 세계 대전이 종결된 뒤, 분쟁 지대나 자연재해가 많은 지역을 제외하면 인간의 수명은 계속 증가하고 있다. 수명이 늘어나는 것은 인류의 오랜 비원이었으므로 이것은 기뻐할 일이라고 할 수 있다. 그러나 동시에, 자본주의의 법칙상 젊은 층이 많은 나라는 비약적인 경제 성장을 약속받지만 저출산 고령화 국가는 쇠락의 길을 걷게 된다. 그리고 고령 인구가 증가하는 요인 중 하나가 의료 기술의 진보라는 것은 틀림없는 사실이다. 물론 그렇다고 해서 고려장을 부활시키는 것은 말도 안 되는 일이며, 일본 영화 〈플랜 75〉처럼 만 75세가 된 노인에게 생사의 선택을 강요할 수도 없기에 고민스러운 문제다.

2

장기 이식과 사생관

일본에서의 보급을 지연시킨 뇌사에 대한 거부 반응

인정되는 것은 달리 치료법이 없는 경우뿐

영상 진단에서 병변이 발견되었다면 문제는 그것을 어떻게 치료하느냐다. "어떻게 할 방법이 없습니다"라는 상황이면 기껏 병변을 발견한 것이 오히려 고통의 근원이 되고 만다. 그런 까닭에 영상에서 발견할 수 있는 병에 관한 치료 기술을 조속히 개발할 필요가 생겼다. 그리고 장기의 병변에 대해 치료법이 없을 때는 다른 사람의 건강한 장기를 이식하는 방법이 모색되었다.

장기 이식은 병이나 사고로 장기의 기능이 저하되어 이식으로만 문제를 해결할 수 있는 사람에게 다른 사람의 장기를 이식하는 의료다. 건강한 사람에게서 이식받는 경우와 심장이 정지된 사람 혹은 뇌사한 사람에게서 이식받는 경우가 있다.

내장의 병으로 사망한 환자의 장기를 이식하는 것은 위험하게 생각될지도 모른다. 그러나 과학적인 관점에서 보면 설령 종양이 생긴 장기라 해도 종양 부분만 절제하면 문제가 없다. 전이되지 않은 부분을 타인에게 이식해 재이용하는 데 아무런 지장이 없는 것이다.

일본의 경우 현재 생체 간 이식이 허용되고 있는 장기는 간, 폐, 신장, 소장이다. 뇌사자에게서 이식할 경우는 여기에 심장과 췌장이 추가된다. 또한 위처럼 기술적으로는 가능하지만 이식하지 않는 장기도 있다. 위는 설령 없더라도 살아갈 수 있는, 이식하지 않는다고 해서 죽는 것은 아닌 장기이기 때문이다. 한편 신장의 경우는 기능이 극단적으로 저하되더라도 인공 투석을 하면 살아갈 수는 있지만 생활의 질이 크게 떨어지기 때문에 이식하는 것이 바람직하다. 사람은 신장을 두 개씩 갖고 태어나기 때문에 친족 등에게서 하나를 받는 생체 간 이식이 다수를 차지하며, 사체의 신장을 이식하는 경우는 상당히 드물다.

일본에서는 일본 장기 이식 네트워크(JOT)가 사체 장기 이식의 등록과 알선을 관리하고 있다. 그곳의 통계에 따르면 2022년의 장기 이식은 심장 이식 79건, 폐 이식 94건, 간 이식 76건, 간·신장 동시 이식 9건, 간·소장 동시 이식 1건, 췌장 이식 3건, 췌장·신장 동시 이식

27건, 신장 이식 162건, 소장 이식 4건으로 총 455건이었다.

뇌사를 죽음으로 받아들일 수 있는가

장기 이식의 연구와 동물 실험은 1960년대부터 꾸준히 시행되었다. 1967년에는 남아프리카의 케이프타운에서 크리스천 버나드(1922년~2001년)라는 의사가 교통사고로 심장 정지 상태가 된 여성에게서 심장을 적출해 다른 환자에게 이식했다. 이것이 심장 이식의 첫 번째 임상 사례로, 이때 심장을 이식받은 환자는 거부 반응을 일으켜 18일 후에 사망했다.

임상 실험에서 가장 앞서 나간 나라는 미국이다. 실패를 거듭하면서도 생존 일수를 착실히 늘려 나갔고, 면역 억제제의 등장과 심근 보호법의 발달 등으로 1990년대에 들어설 무렵에는 거부 반응 문제를 거의 해결했다.

일본에서도 최초의 심장 이식은 상당히 일찍 시행되었는데, 남아프리카에서 최초의 심장 이식이 시행된 이듬해에 홋카이도의 삿포로 의과 대학교에서 실시되었다. 심장을 이식받은 환자는 거부 반응을 일으켜 83일째에 사망했는데, 그 후 뇌사 판정이나 이식 적응과 관련해 의문이 제기되어 집도의가 살인죄로 고발당하는 사태가 벌어졌다. 최종적으로는 증거 불충분으로 불기소되었지만, 이 사건으로 인해 일본에서는 장기 이식과 뇌사 판정에 관한 의심이 확대되어 오랫동안 이식 수술이 불가능한 상황에 빠졌다. 그로부터 30년 동안은 장기 이식에 관한 논의조차 불가능했기 때문에 장기 이식을 희망하는 사람은 외국에서 활로를 모색해야 했다. 미국에서 수술을 받기 위해 모금을 하고, 모금한 돈으로 미국에서 수술을 받아 건강해진 몸으로 귀국한 사례가 종종 미담처럼 이야기됐다.

일본에서 장기 이식이 보급되는 데 가장 큰 장해물은 뇌사를 죽음으로 받아들이는 것에 관한 국민적 합의였다. 뇌사는 뇌의 모든 활동이 정지된 상태다. 어떤 치료를 하더라도 뇌의 활동을 되살릴 수 없으며, 인공호흡기 등의 도움이 없으면 심장은 정지한다. 회복될 가능성이 있는 식물인간 상태와는 완전히 다른 상태다.

신체에 아직 온기가 있으며 심장도 움직이고 있더라도, 뇌사로 판정된 장기 기증 등록자에게서는 장기의 적출이 법적으로 허용된다. 그러나 심장이 혈액을 내보내는 펌프에 불과함을 머리로는 이해한다 해도 자신의 가족이 그렇게 되었을 때는 심정적으로 받아들이지 못하는 사람이 많다. 그래도 장례식장을 알아보고, 친분이 있는 사람들에게 연락하고, 장례식을 치른 뒤 화장이나 매장을 한다면 그 과정에서 마음의 정리가 될 것이다. 하지만 이런 과정 없이 다짜고짜 장기를 적출한다고 하면 아무리 장기 제공에 동의했었다고는 해도 냉정하게 생각하기 어려운 법이다.

장기 기증자의 부족으로 위법적인 장기 이식이 발생하다

장기를 이식하기 위해서는 당연히 장기를 제공할 사람이 필요하다. 수혈에도 혈액 제공자가 필요하지만, 장기 이식과 같은 선상에서 다룰 수는 없다. 재생산되는 혈액과 달리 새로운 장기가 자연스럽게 생겨나지는 않기 때문이다.

"장기 이식 대기 순서"라는 말을 들어 본 사람도 있을 것이다. 장기 이식을 희망하는 사람은 늘어나고 있는데 장기 기증 등록자의 수는 그 수를 전혀 따라잡지 못하고 있는 것이다. 장기 이식을 원하는 사람들의 간절한 바람에 어떻게 부응해야 할까?

여담이지만, 미국에서는 최근에도 사체 혹은 사체의 일부가 매매되고 있다. 장의업자가 화장 전에 사체의 일부를 절단해 전문 중계업자나 NPO 법인에 판매해 이익을 올리고 있는 것이다. 사체를 사고파는 시장이 존재하며, 병원의 경영자와 중계업자 혹은 NPO 법인의 경영자가 친족 관계라든가 부정 유출된 사체의 일부가 의료 재료로 사용된다든가 하는 소문도 있다.

또한 전쟁 중이거나 정세가 불안정한 나라에서는 당면한 굶주림을 해결하기 위해 장기를 파는 사람이 드물지 않다. 2017년 6월 30일, BBC 뉴스는 베이루트의 시리아 난민이 우측 신장을 8,000달러에 팔았다는 이야기를 보도했다. 또한 인권 단체에서는 중국이 부당하게 구속한 위구르족이나 티베트의 불교도들에게서 강제로 장기를 적출하고 있다며 비난의 목소리를 높이고 있다.

이처럼 어쩔 수 없이 자신의 장기를 파는 사람이 있는가 하면 신병을 구속당한 채 강제로 장기를 적출당하는 사람도 있는 등, 장기 이식의 세계에서는 끔찍한 이야기가 끊이지 않고 있다.

일본에서는 2006년 2월에 우와지마 장기 매매 사건이 발각되었다. 아이치현의 우와지마시에 있는 우와지마 도쿠슈카이 병원의 비뇨기과 부장인 만나미 마코토가 이식 수술을 시행하고 환자와 장기 제공자 사이에서 신장이 매매된 사건이다. 수술 후에 받은 금액이 약속했던 것과 달랐기 때문에 신장을 제공한 여성이 경찰을 찾아가 상담한 일을 계기로 수사가 시작되었고, 그 결과 과거의 부적절한 사례까지 밝혀졌다.

같은 해 12월, 마쓰야마 지방 법원 우와지마 지부는 "장기 이식법의 인도성, 임의성, 공평성이라는 기본 이념을 현격히 위반하는 행위로, 이식 의료에 대한 사회의 신용성을 뒤흔든 영향은 크다"라며 환자와 내연의 처에게 징역 1년에 집행유예 3년(구형은 징역 1년)을, 장기를 제공한 여성에게는 벌금 100만 엔과 추징금 30만 엔, 승용차(신장 제공의 대가로 제공받은 신차) 몰수의 약식 명령을 언도했다.

서면 기록도 음성 기록도 없이 장기의 제공을 전부 구두 약속으로만 진행한 것은 언뜻 허술한 일 처리처럼 보인다. 그러나 이것은 사건이 발각되었을 때 증거가 없다는 의미이기도 하므로 계획적이었다는 의심도 남는다. 앞에서도 이야기했듯이, 애초에 뇌사를 죽음으로 인정하는 것에 대한 뿌리 깊은 저항감이 있는 상황에서 이 사건이 삿포로 의과 대학교에서 일어났던 사건과 함께 장기 이식의 이미지에 나쁜 영향을 끼쳤음은 틀림이 없다. 그러나 우와지마의 사건이 장기 이식에 대한 관심을 다시 한번 불러일으킨 것 또한 분명한 사실이었다. 그 결과 2009년 7월에 장기 이식법이 개정되어 이듬해에 시행되었으며, 이 법 개정으로 본인의 의사가 불명확한 경우라도 가족이 서면으로 승낙하면 장기 제공이 가능해졌다. 드디어 일본에서도 장기 이식이 본격화되어 사체에서의 장기 이식이 증가하기 시작한 것이다.

2023년 5월에는 자민당의 장기 이식에 관한 의원 연맹이 뇌사 가능성이 있는 환자의 정보를 병원이 장기 알선 기관에 통보하는 제도의 창설 등을 후생성에 제언했다. 이것은 같은 해 2월에 일본의 한 NPO 법인이 벨라루스 병원에서의 장기 이식을 무허가로 알선하다가 체포되는 사건이 발생하자 이런 사태를 우려해 일본 내에서의 장기 이식을 촉진하고자 하는 의도였다. 뇌사의 수용에 관해 일본은 아직 갈 길이 먼 상황이다.

부풀어 오르는 재생 의료에 대한 기대

장기 기증자 부족에 대한 대책으로 이식 이외의 방법도 모색되고 있다. 재생 의료라고 부르는 방법이 그것이다.

장기의 이식은 무조건 가능한 것이 아니며, 거부 반응이 없는 적합자를 찾아야 한다. 그리고 최고의 적합자는 역시 환자 본인이다. 그래서 본인의 세포를 이용해 장기를 수복하는 기술을 개발하기 위해 전 세계의 연구자가 힘을 쏟고 있다.

이 분야의 선구자는 영국의 마틴 에반스(1941년~)다. 그는 1981년에 생쥐의 배아에서 배아 줄기 세포(ES 세포)를 만들어 내는 데 성공했다. ES 세포는 동물의 수정란 혹은 초기 배아(태반배아)에서 장기적으로 태아가 될 수 있는 세포 집단(내부세포괴)을 추출해, 온갖 세포로 분화할 수 있는 능력(다능성)을 유지시킨 채 샬레 등에서 인공 배양한 것을 가리킨다. 다만 이것은 생명의 근원이 될 수 있는 수정란을 희생하는 공정이 반드시 따르기 때문에 윤리적으로 문제가 있다는 목소리가 높아졌다. 그래서 이 문제의 극복에 도전해 큰 성과를 올린 인물이 교토 대학교 iPS 세포 연구소 소장인 야마나카 신야(1962년~) 교수다. 2006년에 생쥐의 섬유 배아 세포에 몇 종류의 유전자를 도입해 분화 만능성을 지닌 인공 유도 만능 줄기 세포(iPS 세포)를 만드는 데 성공한 것이다. 참고로 그는 이 연구를 위해 집에서 500마리나 되는 생쥐를 혼자 돌봤다고 한다. 일본의 빈약한 연구 지원 체제와 그의 끈질긴 노력을 엿볼 수 있는 일화다.

iPS 세포는 신체의 분화된 조직의 세포에서 만들 수 있기에 윤리적인 문제는 크게 줄어들었다. 암이나 기형종을 발생시킬 위험성이 커다란 과제이지만, iPS 세포의 개발이 생성 의료 연구의 가장 유력한 후보임에는 틀림이 없다.

재생 세포는 난치병의 치료에도 광명을 가져다줄 것으로 예상된다. 이를테면 자가 면역 질환이나 특발성 심근병증이다. 자가 면역 질환은 본래라면 몸을 지켜야 할 면역 시스템에 이상이 발생해 자신의 몸의 일부를 공격하는 병의 총칭이다. 그리고 특발성 심근병증은 원인을 알 수 없는 심장 근육의 병으로, 비대형 심근병증과 확장형 심근병증이 대표적이다. 펌프 기능에 장애가 발생한다는 점은 같다. 다만 비대형 심근병증은 심장 근육의 벽이 두꺼워져 심장 전체에 부담이 커지며 중증화되면 돌연사의 위험성이 높아지는 데 비해, 확장형 심근병증은 심장 근육의 벽이 얇아져서 수축하는 힘이 떨어져 심부전을 반복한다.

중증화되었을 경우 비대형 심근병증의 치료법은 삽입형 제세동기(ICD) 등으로 한정된다. 한편 확장형 심근병증에서 우려되는 심부전에 가장 효과적인 치료법은 심장 이식이지만, 기증자가 부족하기 때문에 거의 기대할 수 없다. 그래서 바티스타 수술(심실 형성술)을 받을지, 보조 인공 심장을 삽입할지, 재생 의료의 개발을 기대할지 선택해야 한다. 바티스타 수술은 확장된 좌심실의 근육 중 일부를 절제해 정상적인 크기로 되돌리는 수술로, 성공하면 심장의 기능을 회복할 수 있지만 성공률이 60%로 미묘하기 때문에 미국에서는 금지되었다. 보조 인공 심장은 펌프 기능을 인공 장치에 대행시키는 방법으로, 환자의 심실 부분을 제거하고 두 개의 혈액 펌프로 치환하는 완전 치환형 인공 심장과 본래의 심장은 남긴 채 좌심실에서 혈액을 탈혈해 대동맥으로 보내는 좌심 보조 심장의 두 종류가 있다. 이러한 인공 심장 개발은 계속되고 있지만, 아직은 그 규모가 작고 투자가 부족하며 세부적인 규정이 미비한 관계로 상용화되지 못하고 있다.

이처럼 바티스타 수술도 보조 인공 심장도 아직 해결해야 할 과제가 많기에 재생 의료에 대한 기대가 큰 것이다.

장기뿐만 아니라 뇌도 재생 의료의 대상이어서, 알츠하이머형 치매에 대한 효과도 기대되고 있다. 뇌를 구성하는 것은 신경 세포인 뉴런이며, 뉴런 사이에서 전달 작용을 담당하는 것이 시냅스다. 시냅스에는 돌기 부분과 받침 부분이 있는데, 나이를 먹으면 돌기 부분이 사멸함으로써 사고력이나 기억력의 감퇴, 즉 뇌의 노화가 나타난다. 그 부분을 재생할 수 있다면 뇌의 노화를 막을 수 있다는 논리다. 다만 기억의 계승이 제대로 될지는 미지수이며, 인격이 완전히 달라져 버릴 우려도 있다.

3

사전 동의와 인권 문제

나치의 전쟁 범죄에서 얻은 교훈으로 의사와 환자가 대등해졌다

잔학한 인체 실험에 대한 반성에서 파생되다

나치 독일과 인권 운동과 사전 동의(인폼드 콘센트). 언뜻 아무런 관련이 없어 보이는 이 셋은 사실 하나의 선으로 연결되어 있다.

나치 독일은 홀로코스트와 포로 학대를 비롯해 수많은 만행을 저질렀는데, 그런 만행들을 심판하기 위해 열린 뉘른베르크 재판(1945년~1946년)에서 인체 실험의 전모가 드러난다. 그것은 상식적으로는 도저히 생각할 수 없는 수준의 범죄였다. 18세기 말의 프랑스 혁명에서 인권 선언이 공표된 이래, 인권은 유럽 전역에서 인간이 태어날 때부터 지닌 가장 중요한 권리로서 그 가치가 널리 공유되고 있었다. 나치의 범죄는 그런 인권을 완전히 짓밟는 행위였다.

그래서 급히 국제적인 규정을 만들고 시간을 거슬러 올라가서 적용시키게 되었다. 절차의 순서라는 측면에서는 이상한 모양새가 되지만 그래도 어쩔 수 없다고 판단한 것이다. 이렇게 해서 1947년에 인체 실험을 할 때 지켜야 할 기본적 원칙인 이른바 '뉘른베르크 강령'이 제정되었다. 그리고 여기에서 가장 중시된 원칙이 시청자의 자발적 동의와 이를 위한 충분한 정보 제공이었다.

1964년에 개최된 세계의사회(WMA)의 총회에서는 인체 실험뿐만 아니라 임상 연구까지 포함해 피험자의 인권을 보호하는 윤리 지침이 채택되었다. 이것을 '헬싱키 선언'이라고 부른다. 이 선언은 그 후 몇 차례의 수정을 거치면서 국제적인 공통 인식이 되어 간다.

한편, 그사이 미국에서는 공민권 운동과 터스키기 사건의 발각으로 독자적인 움직임이 생겨났다. 공민권 운동은 1950년대 중반부터 1960년대 중반까지 미국에서 펼쳐진 인권 운동과 사회 운동으로, 인종 차별의 철폐와 법 아래에서의 평등, 시민으로서의 자유와 권리를 요구했으며 아프리카계와 카리브계의 흑인, 자유주의파 백인 등이 중핵을 담당했다. 또한 터스키기 사건은 미국 공중위생국이 생활에 어려움이 있는 흑인만을 노려서 어떤 실험인지 알리지 않고 1932년부터 40년에 걸쳐 매독의 인체 실험을 시행한 사건으로, 1972년 7월의 신문 보도를 통해 세상에 밝혀졌다. 물론 그런 인권 침해가 용납될 리가 없었기 때문에, 미국의 의료계에서는 자숙을 외치는 목소리가 높아지는 동시에 사건의 재발을 막고자 의사의 윤리에 관한 논의가 활발해졌다.

이때 강한 영향력을 발휘한 인물로는 톰 비첨(1939년~)과 제임스 칠드레스(1940년~), 트리스트람 엥겔하르트 주니어(1941년~2018년)가 있다. 비첨과 칠드레스는 1979년에 간행된 공저 《생명 의학 윤리》에서 '자율성 존중', '악행 금지', '선행', '공정'이라는 '의료 윤리의 4원칙'을 제창했다. 또한 엥겔하르트도 1982년에 발표한 논문 〈의학에서 인격의 개념〉에서 '자율'과 '선행'이라는 2원칙을 제시했다. 이들의 이념이 일치했기에 '미국에서의 의료·의학의 4원칙'이라고 하면 비첨과 칠드레스, 그리고 엥겔하르트가 제창했다고 보는 것이 일반적이다.

그러면 '4원칙'을 조금 더 자세히 살펴보자.

자율성 존중 자기 결정을 할 수 있는 사람에 대해서는 본인이 자유의지로 내린 결정을 존중할 것. 아동이나 정신 장애인, 지적 장애인 등 자기 결정을 할 수 없는 사람에 대해서는 인간으로서 보호할 것.

악행 금지 환자·피험자에게 악행을 저지르지 않을 것. 환자의 위험을 예방할 것. 고통을 유발하지 않으며 가능한 한 부담이 적은 방법을 선택할 수 있도록 도울 것.

선행 환자·피험자의 이익을 위해 최선을 다할 것. 의료의 경우는 환자의 생명과 건강의 유지·회복, 연구의 경우는 미래의 환자를 위해 의학의 발전을 추구할 것.

공정 환자를 상대로 언제나 평등·공평하게 대응할 것. 한정된 의료 자원을 평등하게 분배·제공할 것.

이상의 4원칙 가운데 '악행 금지', '선행', '공정'은 '히포크라테스 선서'에서도 볼 수 있다. 한편 새로 추가된 '자율성 존중'은 터스키기 사건과 같이 설명과 합의가 없는 인체 실험의 재발을 방지하는 동시에 의료상의 과실을 증명할 수 없었다 해도 의사의 민사 책임을 추궁할 수 있게 하기 위한 것이다. 기본적인 인권에 따라 인간은 누구나 의사 결정의 권리가 있으며 그 권리를 침해하는 행동 자체가 죄라는 발상이다.

그리고 이와 같은 4원칙의 연장선상에서 만들어진 것이 '사전 동의(인폼드 콘센트)'다. 이를 통해 기존의 '의사에게 맡기는 의료'에서 벗어나 환자의 자기 결정권을 존중하고 의사가 환자에게 충분한 설명을 할 의무가 생겼다.

연수의의 인권조차 소홀히 여겼던 일본

의료 분야에서의 '사전 동의'가 일본에서 강조되기 시작한 때는 냉전의 종식과 겹치는 시기인 1989년 후반이다. 그 이야기를 하기에 앞서,

제2차 세계 대전 이후 일본 의료의 대략적인 흐름을 먼저 정리하고 넘어가도록 하겠다.

제2차 세계 대전 이후의 일본은 1952년 4월에 샌프란시스코 조약이 발효되기 전까지 GHQ(연합군 최고 지휘관 총사령부)의 관리를 받았는데, 그 기간 중인 1946년에 의사 국가시험과 인턴 제도가 생겼다. 대학교의 의학부를 졸업한 뒤 국가시험을 치르기 전에 1년 이상의 진료와 현장 수련을 의무화하는 제도가 이때 만들어진 것이다.

인턴 기간에는 의사 면허 없이 의료 행위를 하게 될 뿐만 아니라 급여도 받지 못하고 실수를 저질렀을 경우의 책임 소재도 명확하지 않은 등, 인턴은 참으로 문제가 많은 제도였다. 그러나 이 제도는 일본이 자치권을 되찾은 뒤에도 계속 답습되었다. 공민권 운동의 여파로 일본에서도 학생 운동이 활발해진 1968년 1월에, 도쿄 대학교의 의학부 자치회와 졸업생으로 구성된 청년 의사 연합이 이의를 제기하며 의사 국가시험의 보이콧으로 대표되는 일명 '인턴 투쟁'을 시작했다. 이것이 이른바 '도쿄 대학교 분쟁'의 시작이었다.

도쿄 대학교 분쟁에 대해 대학교 측은 강경한 자세를 보였고, 3월 11일에는 의국원(대학병원 등의 의국에 소속된 의사-옮긴이)을 연금했다는 이유로 학생 17명의 처분을 발표했다. 그런데 그 17명 중에 명백히 누명을 쓴 것으로 보이는 학생이 한 명 있었기 때문에 학생들의 분노가 폭발했고, 야스다 강당에서의 농성과 경찰청 기동대와의 충돌 등 사태는 더욱 격렬해져 갔다.

이듬해 1월에 야스다 강당의 봉쇄가 해제된 뒤에도 사태는 좀처럼 진정되지 않았지만, 그런 상황 속에서 인턴 제도에 대한 개혁이 진행되었다. 그 결과 인턴 제도가 폐지되어 의학부를 졸업한 뒤 곧바로 국가시험에 합격하면 의사 면허를 취득할 수 있게 되었으며, 인턴 대신 2년간의 임상 연수 제도가 창설되었다. 다만 임상 연수 제도는 '제도'라고 하면서도 '노력 규정'이라는 표현에 그치는 등 모호함이 남아 있었다. 무급이 아니라고는 하지만 연수처인 의료 시설에서 적절한 급여를 지급하지 않았기 때문에 연수의는 아르바이트를 해서 생계를 꾸려 나가야 하는 상황이 계속되었다.

학생과 연수의의 자기 결정권은 사전 동의의 기반에 깔린 환자의 자립성과 일맥상통한다. 예비 의사가 '연수'라는 명목 아래 저임금으로 일해야 하는 상황에서 과연 대학교 의학부에 인권의 개념이 뿌리를 내릴 수 있을지 매우 염려가 되었다. 그러나 1968년에 '노력 규정'이었던 것이 2004년에 필수화로 바뀌자 대학교 측도 태도를 바꿀 수밖에 없게 되면서 커다란 변화가 찾아왔다. 대학교 이외의 대형 일반 병원도 연수의를 받아들이게 되고 연수의도 연수처를 자유롭게 선택할 수 있게 됨에 따라 병원 사이에서 치열한 경쟁이 벌어지게 되었기 때문이다.

암묵적인 양해에서 수긍할 수 있는 의료로

의사에 대한 환자의 신뢰를 전제로 한 암묵적인 양해는 왜 좋지 않은 것일까?

의료 윤리의 의무화에 관해서는 외압만이 원인이라고 단언할 수도 없는 상황이었다. 1980년에 일본 사이타마현 도코로자와시의 후지미 산부인과 병원에서는 무자격자의 판단으로 건강한 자궁과 난소의 적출 수술이 이루어진 사건이 발각되었다. 만약 같은 일이 다른 산부인과나 외과에서도 일상적으로 일어나고 있었다면 이것은 중대한 문제였다. 후지미 산부인과 병원 사건은 의사를 무조건적으로 신뢰하는 것에 익숙했던 일본인에게 경종을 울렸고, 여기에 외압까지 섞이면서 일본에서도 사전 동의가 강조되기 시작했다.

다만 일본과 미국은 문화적·사회적 배경이 다르기 때문에 일률적으로 적용하기 어려운 부분도 있었다. 일본에서는 환자와 그 가족도 "어차피 들어도 이해하지 못하기 때문에 설명을 듣고 싶지 않다", "선택의 의무를 지고 싶지 않다"라는 사람이 많았기 때문이다. 그래서 1992년에 의료법을 개정할 때도 참의원에서 "사전 동의의 형태에 관해서는 그 수법과 절차 등에 관해 문제의 소재를 명확히 하면서 다면적으로 검토할 것"이라는 부대 결의(표결에 조건을 붙여서 찬성이나 반대의 의견을 표시하는 것-옮긴이)가 있었고, 정부도 이를 받아들여 검토회를 설치했다. 그리고 검토회가 정리한 보고서에는 다음과 같은 내용이 실려 있었다.

"IC(인폼드 콘센트)를 무리하게 번역하는 것은 적절하지 않다."

"IC를 의료에 제약을 가하는 원리로 삼아서는 안 된다. 일본에서는 미국처럼 의사와 환자를 대립 관계로 생각해서는 안 되며, IC도 환자와 의료인이 공동으로 더 나은 의료 환경을 구축하기 위한 이념으로 이해해야 한다."

"IC의 실천은 추진되어야 하며, 의사의 설명 의무 위반에 법적 책임을 인정한 판례도 있음은 이해할 수 있다. 그러나 이것을 법률 속에 명문으로 규정하는 것은 IC를 획일화·형식화해 의사의 책임 회피를 위한 도구로 만들고 의사와 환자의 신뢰 관계를 파괴하게 될 위험성도 있다."

2007년의 의료법 개정에서는 이와 같은 점이 제1조의 4의 제2항에 추가되었다. "무리하게 번역하는 것은 적절하지 않다"라는 이유에서 '인폼드 콘센트(IC)'로 표기하게 되었지만, 언론에서는 알기 쉽게 '설명과 동의' 혹은 '사전 동의'로 번역하는 경향이 있다.

의사에게 요구되는 높은 커뮤니케이션 능력

이와 같은 개혁으로 의사와 환자의 관계성은 최근 사반세기 동안 크게 변모했다. 가령 1990년대까지는 환자가 병원에 내는 치료비와는 별도로 의사에게 직접 사례금을 건네는 일도 드물지 않았다. 의사의 지위는 환자보다 높으므로 사례를 하는 것이 당연하다는 풍조가 있었던 것이다. 현재는 의사도 간호사도 환자로부터 사례금을 받는 것이 금지되어 있다. 과자 선물 같은 것도 받아서는 안 된다. 이러한 사례 문제는 의사와 환자의 대등성이라는 측면에서 사전 동의 문제와 연결되어 있다.

사전 동의는 행정 주도로 추진된 것이었기에 현장이 적절히 대응하기까지는 시간이 걸렸다. 또한 솜씨는 확실하지만 커뮤니케이션이 서툰 의사는 여전히 어려움을 겪고 있다. 그러나 최근에는 의학 교육을 할 때 의료 윤리 및 환자와 커뮤니케이션을 하는 방법에 관해서도 가르치고 있다. 교육의 충실화와 세대교체 등을 거치면서 의료의 바람직한 모습도 착실히 변화하고 있는 것이다.

신종 코로나 바이러스와 세계화

감염 확대 속도도 백신 개발 속도도 가속화되다

분자유전학이 백신의 조기 개발을 뒷받침하다

2019년부터 맹위를 떨쳤던 COVID-19, 이른바 신종 코로나 바이러스 감염증 비상사태는 2023년에 이르러 드디어 진정되었다. 이 신종 코로나 바이러스 감염증과 과거의 팬데믹은 어떤 점이 비슷하고 어떤 점이 다른지 정리해 보자.

과거의 팬데믹 가운데 시기적으로 가장 가까운 것은 앞 장에서도 언급했던 약 100년 전의 스페인 독감이다. 조금 더 거슬러 올라가면 천연두와 콜레라도 있었다.

콜레라는 본래 인도의 풍토병으로, 인도가 영국의 식민지가 되었을 무렵부터 해상 교통을 통해 전 세계에 확산되었다. 콜레라의 무서움은 극심한 설사를 동반하는 탈수 증상이다. 수분을 섭취하면 된다는 것은 당시도 금방 깨달았지만, 과거에는 병원균도 감염 경로도 알지 못했다. 그 후 코흐가 병원균을 발견하고 물을 통해서 감염된다는 사실도 알게 되었지만, 치료법은 아직까지 발견되지 않았다. 사망률이 50%에 이르렀기에 과거에는 두려움의 대상일 수밖에 없었다.

당시의 일본 정부는 이러한 전염병에 대해 여러 가지 대책을 마련해 실행했다. 앞에서도 소개했듯이 1880년에 전염병 예방 규칙을 제정했는데, 콜레라와 장티푸스, 이질, 디프테리아, 발진티푸스, 천연두를 가장 주의해야 할 '법정 전염병'으로 지정하고 신고와 격리 치료, 소독 등을 의무화했다. 또한 1897년에는 '전염병 예방법'을 공표하면서 '법정 전염병'에 성홍열과 페스트를 추가했다.

일본은 현재 1868년부터의 환자와 사망자 통계가 남아 있는데, 이것을 보면 이질 환자가 항상 일정 수 존재하는 가운데 다른 감염증에 비해 사망률이 낮았다는 사실을 알 수 있다. 돌발적으로 확산되고 치사율이 매우 높았던 콜레라와는 대조적이다.

일본에서 스페인 독감의 유행은 콜레라와 매우 유사하게 시작되었다. 처음부터 대량의 감염자가 발생한 것이다. 내무성 위생국이 발행한 《유행성 감기》에 따르면, 1918년 8월부터 1919년 7월까지의 제1차 유행에서는 환자 수가 2,116만 8,398명에 사망자 수가 25만 7,363명으로 1.22%였던 환자의 사망률이, 1919년 8월부터 1920년 7월까지의 제2차 유행에서는 환자 수 241만 2,097명에 사망자 수 12만 7,666명으로 5.29%를 기록했다. 제1차 유행 당시는 전 국민의 37.3%가 감염되었지만 콜레라에 비하면 낮은 치사율이 눈에 띈다(자료는 이케다 가즈오 외, "일본에서 유행한 스페인 독감의 정밀 분석", 〈도쿄 도 건강안전연구센터 연구 연보 제56호〉에서 인용했다).

감염증이 유행하면 고령층에서 많은 희생자가 나오는 것이 일반적인데, 스페인 독감의 경우는 주로 젊은 사람들이 목숨을 잃었다. 장래가 촉망되는 젊은이들의 죽음은 사회에 커다란 타격을 안겨서, 제1차 세계 대전의 종결을 앞당겼다는 이야기가 있다.

한편 신종 코로나 바이러스 감염증의 경우는 보고서를 보면 본래 취약성을 안고 있었던 사람이 많이 사망했다. 고령으로 인한 체력 저하를 비롯해 어떤 신체적인 리스크를 안고 있었던 사람에게 갑작스럽게 부담이 가해져 죽음에 이르는 사례가 많았던 것이다.

신종 코로나 바이러스 감염증에 관해서는 현재 많은 사실이 밝혀졌지만, 처음에는 이 질병에 대해 알지 못하는 것이 많아 불안감과 공포가 확산되었다. 이런 상황은 1980년대 초반에 시작되었던 에이즈 소동과 매우 유사하다. 에이즈는 처음에 감염 경로도 확정할 수 없었고 치료법도 없었기 때문에 미국에서는 수많은 성인이 성관계를 자제할 뿐만 아니라 타인과 마주 보고 대화하는 것조차 두려워할 정도였다. 그러나 1983년에 바이러스가 발견되고 항바이러스제의 개발이 진행되자 사람들의 공포심도 사라져 갔다. 에이즈 바이러스를 발견한 프랑스 파스퇴르 연구소의 뤼크 몽타니에(1932년~2022년)와 프랑수아즈 바레시누시(1947년~)는 그 업적을 인정받아 2008년 노벨 생리학·의학상을 수상했다.

시간을 조금 과거로 되돌리면 제2차 세계 대전이 끝난 뒤로 항생 물질을 이용한 치료가 크게 발전했는데, 에이즈 소동이 벌어졌을 때 이와 같은 수준의 가치를 지니는 혁명이 일어났다. 의학에 유전자 분석 기술의 도입이 본격화된 것이다. 생명 현상을 분자의 층위에서 해명하려고 하는 분자생물학이라는 학문 분야가 있는데, 그중에서도 유전자를 다루는 분야를 분자유전학이라고 부른다. 특히 유전자 조작은 논밭의 작물뿐만 아니라 바이러스 퇴치에도 효과가 있음이 밝혀져 연구가 거듭되어 왔다. 그런 연구가 축적되어 있었기에 이번에 신종 코로나 바이러스 감염증이 유행했을 때도 백신의 조기 개발이 가능했다.

만약 현재의 의료 수준이 스페인 독감의 유행이 시작되었던 1918년과 비슷했다면 신종 코로나 바이러스에 전혀 손을 쓰지 못했을 것이다. 항바이러스제는 물론이고 백신도 만들지 못했을 것이 틀림없다. 최근 100년 동안 의학은 미지의 바이러스에도 대응할 수 있을 만큼 많은 성과를 축적해 온 것이다.

신속한 정보 공유를 가능케 한 글로벌 사회

신종 코로나 바이러스 감염증은 중국의 후베이성 우한시에서 2019년 말에 발생한 뒤 불과 2개월 만에 전 세계로 확산되었다. 새삼 이야기할 필요도 없겠지만, 그 배경에는 세계화가 자리하고 있다.

각국의 초기 대응은 봉쇄 혹은 부분 규제라는 두 가지로 나뉘었다. 백신의 개발과 접종의 효과가 나타난 뒤로는 봉쇄냐 공존이냐의 문제가 되었고, 2022년 중반이 되자 제로 코로나(봉쇄 조치 등 신종 코로나 바이러스 감염증에 대한 고강도의 규제 정책-옮긴이)를 유지하는 나라는 중국만 남게 되었다. 그리고 중국도 불편함을 강요당하는 것에 대한 국민의 불만을 더는 억누를 수 없어 같은 해 12월에 제로 코로나 정책을 포기했다.

이제 코로나가 없는 세계로 되돌아가기는 불가능하다. 인플루엔자와 같은 감각으로 공존하는 수밖에 없다. 실제로 2023년 5월 한국과 일본에서는 신종 코로나 바이러스 감염증의 위치가 계절성 인플루엔자와 같은 단계인 각각 4급과 5급으로 변경되었다.

코로나 바이러스 감염증과 인플루엔자는 변이를 거듭한다는 점에서는 같지만 변이의 속도는 코로나 바이러스가 훨씬 빠르다. 인플루엔자의 백신이 1년 동안 효과가 있는 데 비해 코로나 백신의 효과는 수개월에 불과하다. 이 기간이 넘어가면 항체가 감소한다. 백신의 개발이 변이 속도를 따라잡지 못하지만, 감염된 사람이 모두 양성이 되는 것은 아니며 극히 일부만이 중증화되어 죽음에 이른다. 누가 그렇게 될지는 러시안룰렛에 가까워서, 중증화 리스크를 단정할 수가 없다. 확실한 것은 단 한 가지, 기저 질환이 있는 사람은 감염되었을 경우 치사율이 높다는 사실뿐이다.

스페인 독감과 신종 코로나 바이러스 감염증은 유행 방식에 차이가 있다. 스페인 독감은 제1차 세계 대전이라는 특수한 상황에서 확산되었지만 신종 코로나 바이러스 감염증은 국제적으로 사람과 물자가 이동하는 세계화를 배경으로 확산되었다. 감염자가 나온 장소를 봉쇄하고 철저히 소독하려면 물류의 정체를 피할 수 없다. 이번 소동은 그런 글로벌 사회의 리스크를 만천하에 드러낸 것이기도 했다.

다만 세계화에 책임을 돌려서는 안 될 것이다. 가령 의료 분야에서는 세계화의 장점이 단점보다 훨씬 크다. 전 세계가 네트워크로 연결되어 있어서 정보 수집이 용이하고 정보의 신속한 공유도 가능한 것이다. 그 덕분에 신종 코로나 바이러스 감염증의 백신과 치료약도 놀랄 만큼 짧은 기간에 개발될 수 있었다.

환자에게도 다양한 리터러시가 요구되는 시대

정보 수집이 용이해져 '가시화'가 진행된 것은 좋은 일이다. 그러나 한편으로는 잘못된 정보나 악의로 가득한 거짓 정보도 섞여 있기 때문에 의사에게도 환자에게도 그런 것들을 구별해 내는 능력이 요구되고 있다. 앞에서 사전 동의에 관해 설명할 때 알기 쉽게 설명하는 능력이 의사에게 필요한 시대가 되었다고 이야기했는데, 환자에게도 이해력과 판단력이 필요한 시대가 된 것이다.

이번의 신종 코로나 팬데믹에서는 '과밀'을 피하기 위한 다양한 아이디어가 나왔다. 병원의 대합실이나 음식점에 설치된 칸막이뿐만 아니라 재택근무와 원격 회의도 그런 아이디어 중 하나였다. 원격 회의가 생활 속에 더욱 침투한다면 앞으로는 의료 현장에서도 전자 진료 기록부를 받아서 전문성이 더 높은 의사에게 원격 진료를 받는 움직임이 확대될지도 모른다. 지금까지는 동네 병원에서 감당할 수 있는 수준을 넘어선 병일 경우 소견서를 받아서 국립 병원이나 대학병원으로 가는 식이었지만, 앞으로 원격 진료가 보급되면 멀리까지 찾아갈 필요가 없어지는 것이다. 지방에 사는 고령자는 안 그래도 이동하기가 쉽지 않으므로 이런 변화를 환영하지 않을까? 그러려면 필요한 기기를 원격으로 조작하는 리터러시도 필요해지지만, 20년 후에 고령자가 될 사람들은 이미 스마트폰에 친숙한 현재의 50~60대이므로 문제는 없을 것이다. 또한 정보 기기들도 더욱 사용하기 쉽게 진화할 것이 틀림없다.

column 06

현대의 정밀 의학

혁신의 저편에서 보이기 시작한 새로운 벽

19세기 이후 의학은 과학으로서 발전하기 시작했고, 20세기에는 감염증을 비롯한 수많은 병을 극복했다. 특히 최근 30년 동안은 정밀 의학이 눈부시게 발전하면서 과학적 근거에 기반을 둔 치료가 당연해졌다.

그러나 최첨단 의료 기기를 갖추려면 상당한 돈이 들어간다. 그래서 원했든 원치 않았든 의료와 정치·사회·경제의 관계가 깊어진 것 또한 사실이다. 행정 기관이나 의료 기기 개발 기업, 제약 업계의 영업 사원 등과 깊게 연계할 필요가 생기는 등, 현대의 의사는 의학 이외의 분야에서도 매우 많은 것이 요구되고 있다. 또한 사전 동의와 관련해서도 의사는 단순히 의학만 공부하면 되는 것이 아니라 환자나 그 가족과의 커뮤니케이션 능력까지 요구받게 되었다.

큰 벽을 뛰어넘으면 그 너머에 새로운 벽, 새로운 세계가 보인다. 정밀 의학의 너머에서 보이기 시작한 것은 인간 자체, 지구 자체의 문제다. 환경 문제도 그렇지만, 의료 자체라기보다는 세계의 형태가 의료에도 그림자를 드리운다. 낙관적인 희망이 넘쳐 나는 과학만능주의의 시대를 지나가자 심각한 환경 문제에 직면하게 되었고, 특히 2010년대부터 인류 전체가 인간은 무엇을 위해서 사는가, 과학은 무엇을 위해 존재하는가에 대한 대답을 요구받고 있다는 생각이 든다. 과거에는 보이지 않았던 새로운 벽이다.

후기

나는 본래 해부학을 전공했고, 해부학 교과서나 일반인을 대상으로 한 해부학 책을 상당히 많이 썼다. 내가 집필이나 편집을 담당한 해부학 서적들은 의학생들과 의료 관련 분야의 학생들 사이에서 많이 이용되고 있다.

한편으로 나는 역사도 매우 좋아한다. 그래서 16세기 해부학자인 베살리우스의 전기(미국의 의학역사학자인 찰스 오맬리가 1964년에 쓴 496페이지의 대작이다)를 읽고 그 시대와 인물, 학문의 상황이 생생하게 묘사된 것에 감동해 번역·출판한 바 있다(《브뤼셀의 안드레아스 베살리우스 1514-1564》, 엘스비어사이언스믹스, 2001년). 그 뒤로 나는 해부학의 역사 연구에 몰두하게 되었다.

특히 역사상의 의서나 해부학서를 읽는 것은 참으로 즐거운 일이다. 20년 이상 전부터 고대 그리스어의 전문가와 협력해 고대 로마의 의사인 갈레노스의 해부학서를 해독·번역하는 연구회 활동을 계속하고 있으며, 번역서도 냈다(《갈레노스 해부학론집》, 교토대학교학술출판회, 2011년 / 《갈레노스-신체 부분의 용도에 관해 1·2》, 교토대학교학술출판회, 2016년·2022년).

병을 다루는 일반적인 의서와 달리 해부학서는 우리가 알고 있는 신체의 구조에 관한 내용이기에 해독하기가 용이하다. 그리고 현재의 의서나 해부학서와 비교해 보면 그 시대의 학문이 어떻게 달랐는지뿐만 아니라 사물에 대한 사람들의 생각이나 사회의 모습이 어떻게 달랐는지도 어렴풋이나마 들여다볼 수 있다. 그런 역사상의 해부학서들을 입수해 읽어 보고 해부학의 역사에 관한 책인 《인체관의 역사》(이와나미서점, 2008년)를 썼다. 의학의 역사에 관해 쓴 책이나 논문들이 타인의 연구에 의지하는 측면이 컸던 당시, 이처럼 원전을 바탕으로 의학의 역사에 관해서 쓴 책은 세계적으로도 드물었기에 일본 의학역사학회의 야카즈 의학역사학상을 받았다.

그 후에는 해부학의 역사뿐만 아니라 의학 전반의 역사에도 눈을 돌리게 되었다. 2011년에 일본의학역사학회 총회의 회장을 맡게 된 나는 의학 교육의 역사를 주제로 선정해 특별 강연과 심포지엄을 열었고, 강연자와 그 밖의 분들에게 집필을 부탁해 《일본 의학 교육사》(도호쿠대학교출판회, 2012년)를 편찬·출판했다.

또한 근대 의학이 탄생하기 이전의 고대로부터 이어져 내려온 전통을 계승한 18세기 이전의 서양 의학을 조사·연구의 대상으로 삼아 다수의 논문을 썼다. 11세기부터 시작되는 살레르노 의학교, 17세기의 세네르트와 시드남, 18세기의 부르하버와 소바주, 19세기 초엽의 분데를리히, 개별적인 병을 다루는 18세기의 의학 실지서, 19세기의 내과 의서, 18세기 이전과 19세기 이후 서유럽의 의학 교육 역사 등이 대상이었다. 그런 연구 성과를 바탕으로 《도설 의학의 역사》(의학서원, 2019년)를 썼다. 물론 이때도 역사상의 수많은 의서를 살펴보고 내용을 점검하면서 원전을 기반으로 고대부터 현대에 이르는 의학의 역사에 관해 썼다. 또한 의학 자체의 역사뿐만 아니라 그 배경이 되는 각 시대의 사회나 문화에 관해서도 다뤘으며, 의학사란 무엇이냐는 심오한 문제에 관해서도 고찰했다.

2017년에는 사카이 시즈 선생과 고소토 히로시 선생에 이어 일본의학역사학회의 이사장을 맡게 되었다. 2019년에는 의학부를 정년퇴임하고 신설된 보건의료학부로 자리를 옮겨 물리치료사와 진료 방사선 기사 학생들에게 해부학을 가르치게 되었으며, 2020년부터는 의학부의 의학역사학 연구실도 겸무하게 되었다. 해부학과 의학역사학이라는 두 분야에 몸담고 있는 것이다. 다만 일본의학역사학회 이사장은 2023년 6월부터 마치 센주로 선생에게 자리를 넘겼기에 지금은 한숨 돌린 상황이다.

2020년 초부터 3년 동안 전 세계가 신종 코로나 바이러스 감염증(COVID-19)으로 몸살을 앓았다. 중증화되어 고통받거나 목숨을 잃은 사람도 적지 않았으며, 어쩔 수 없는 행동 제한 조치로 인한 사회적·경제적 손실도 막대했다. 의사와 의료 관계자들도 코로나에 대응할 뿐만 아니라 가혹한 상황 속에서 다양한 병을 진단·치료해야 했다. 이처럼 코로나는 재앙이었음이 틀림없지만, 이런 경험을 통해서 우리는 병을 일상적인 존재로, 의료를 가까운 존재로 느끼게 되었다.

그런 상황 속에서 고사이도출판의 가와사키 유코 씨가 세계사와 의학의 역사를 결합한 책을 쓰지 않겠느냐는 제안을 해 주셨다. 대단히 매력적인 제안이라고 생각했고, 그렇게 해서 완성된 이 책도 개인적으로 매우 마음에 든다. 그러나 최초의 제안부터 완성에 이르기까지 만 2년에 가까운 시간이 걸리고 말았다. 단순히 시간이 오래 걸린 것이 아니라 그 긴 시간 동안 이 책을 완성하기 위한 고통스러운 노력이 계속되었으며, 그 대부분은 편집 담당 측의 몫이었다. 이 자리를 빌려 진심으로 감사의 인사를 전한다. 이제는 세계사와 의학사를 넘나드는 이 책을 많은 사람이 재미있는 책, 의미 있는 책으로 받아들이기를 바랄 뿐이다.

2023년 8월 1일

사카이 다츠오

주요 참고문헌 (※이 외 본문에 기재한 문헌도 있습니다.)

【 의학사 관련 】

チャールズ・オマリー、坂井建雄(訳)『ブリュッセルのアンドレアス・ヴェサリウス1514-1564』エルゼビア・サイエンスミクス、2001年

坂井建雄『人体観の歴史』岩波書店、2008年

坂井建雄・池田黎太郎・澤井直(訳)『ガレノス解剖学論集』京都大学学術出版会、2011年

坂井建雄(編)『日本医学教育史』東北大学出版会、2012年

坂井建雄『図説 人体イメージの変遷——西洋と日本 古代ギリシャから現代まで』岩波現代全書、2014年

坂井建雄(編)『医学教育の歴史——古今と東西』法政大学出版局、2019年

坂井建雄『図説 医学の歴史』医学書院、2019年

坂井建雄『医学全史——西洋から東洋・日本まで』ちくま新書、2020年

日本医学会創立120周年記念事業記念誌委員会(編)『日本医学会創立120周年記念誌』日本医学会、2022年

坂井建雄「ソヴァージュ(一七〇六～一七六七)の疾病分類学」『医譚』91、2010年

坂井建雄「ヴンダーリヒ(一八一五～一八七七)の臨床医学」『医譚』92、2010年

坂井建雄「19世紀における臨床医学書の進化」『日本医史学雑誌』57(1)、2011年

坂井建雄・澤井直「ブールハーフェ(1668～1738)の『医学教程』」『日本医史学雑誌』58(3)、2012年

坂井建雄・澤井直「ゼンネルト(1572-1637)の生涯と業績」『日本医史学雑誌』59(4)、2013年

坂井建雄「トマス・シデナム(一六二四～一六八九)の『処方集約』」『医譚』97、2013年

坂井建雄「18世紀以前ヨーロッパにおける医学実地書の系譜——起源から終焉まで——」『日本医史学雑誌』61(3)、2015年

坂井建雄「サレルノ医学校——その歴史とヨーロッパの医学教育における意義」『日本医史学雑誌』61(4)、2015年

坂井建雄「感染症と医学の歴史」『日本医史学雑誌』68(1)、2022年

坂井建雄・福島正幸「ディオスコリデス『薬物誌』の継承と編纂の医学史——刊本の書誌学的研究——」『日本医史学雑誌』69(1)、2023年

Sakai T, Morimoto Y: The History of Infectious Diseases and Medicine. Pathogens 2022, 11(10) , 1147; https://doi.org/10.3390/pathogens11101147

【기타】

トゥーキュディデース、久保正彰(訳)『戦史(上・中・下)』岩波文庫、1966-1967年

今井宏(編)『イギリス史2——近世(世界歴史大系)』山川出版社、1990年

村岡健次・木畑洋一(編)『イギリス史3——近現代(世界歴史大系)』山川出版社、1991年

S・E・モリスン、荒このみ(訳)、増田義郎(企画・監修)
　『大航海者コロンブス(大航海者の世界)』原書房、1992年

橋口倫介『十字軍騎士団』講談社学術文庫、1994年

柴田三千雄・樺山紘一・福井憲彦(編)
　『フランス史3——19世紀なかば～現在(世界歴史大系)』山川出版社、1995年

朝倉文市『修道院にみるヨーロッパの心(世界史リブレット)』山川出版社、1996年

大塚和夫ほか(編)『岩波イスラーム辞典』岩波書店、2002年

八塚春児『十字軍という聖戦——キリスト教世界の解放のための戦い』NHKブックス、2008年

アルフレッド・W・クロスビー、西村秀一(訳)
　『史上最悪のインフルエンザ——忘れられたパンデミック(新装版)』みすず書房、2009年

長南実(訳)『マゼラン 最初の世界一周航海』岩波文庫、2011年

南川高志『ローマ五賢帝——「輝ける世紀」の虚像と実像』講談社学術文庫、2014年

佐藤彰一『禁欲のヨーロッパ——修道院の起源』中公新書、2014年

佐藤彰一『贖罪のヨーロッパ——中世修道院の祈りと書物』中公新書、2016年

内海孝『感染症の近代史(日本史リブレット)』山川出版社、2016年

中谷功治『ビザンツ帝国——千年の興亡と皇帝たち』中公新書、2020年

田村俊行「ヴィクトリア朝イギリスの規制売春と反対運動——一八七〇年の下院における
　論戦から」『立教史学』1、立教大学大学院文学研究科史学研究室、2010年1月;
　https://rikkyo.repo.nii.ac.jp/?action=repository_uri&item_id=21093&file_id=18&file_no=1

山中伸弥(講演)「人間万事塞翁が馬」『第26回京都賞「高校フォーラム」』京都大学OCW、
　2010年11月16日;https://ocw.kyoto-u.ac.jp/course/188/

川田志明「PMをつけた世界のリーダー(耳寄りな心臓の話58話)」『はあと文庫』公益財団法人
　日本心臓財団、2017年4月3日;https://www.jhf.or.jp/publish/bunko/58.html